谨以此书献给所有高校餐饮工作者

校园名厨的菜

第 2 版

DISHES FROM FAMOUS CAMPUS CHEFS

中国教育后勤协会伙食管理专业委员会
『校园名厨』培训班作品集

组　编　中国教育后勤协会伙食管理专业委员会秘书处
主　编　宋大我
副主编　王祚荣　姜青青
参　编　王　斌　王　强　王建新　刘　雯　杨　芳　张　磊
　　　　张　馨　陈　巧　贾艳丽　顾　佳　谢　聪

机械工业出版社
CHINA MACHINE PRESS

中国教育后勤协会伙食管理专业委员会秉持正确的办会方向，深耕学校餐饮领域，致力于推动各级各类学校伙食管理和研究工作。本书作为专委会深化产教融合的实践典范，是第二期"校园名厨"培训班的智慧结晶，凝聚了多所高校餐饮部门技术骨干的智慧。

全书以"传承饮食文化、精进校园厨艺"为核心脉络，精选158道特色菜点，其中既有彰显地域风情的酸汤鱼、百花乳饼等传统经典，又有适应现代校园餐饮需求的九体养生菜等创新成果。每道菜点均通过"三维立体化"解析：从主辅料科学配比到火候技法的详细讲述，从传统技艺演示到智能化烹饪设备适配方案，辅以高清图示，构建起"技艺可复制、标准可量化、创新可持续"的校园餐饮研发体系。

本书既可作为高校后勤系统岗位培训教材，也可为机关食堂、团餐企业提供创新参考。

图书在版编目（CIP）数据

校园名厨的菜 / 中国教育后勤协会伙食管理专业委员会秘书处组编；宋大我主编. --2版. --北京：机械工业出版社，2025.3. --ISBN 978-7-111-77940-7

Ⅰ. TS972.35

中国国家版本馆CIP数据核字第2025A35Q94号

机械工业出版社（北京市百万庄大街22号　邮政编码100037）
策划编辑：卢志林　　　　　责任编辑：卢志林
责任校对：樊钟英　　宋　安　责任印制：常天培
北京宝隆世纪印刷有限公司印刷
2025年4月第2版第1次印刷
184mm×260mm・10.75印张・2插页・99千字
标准书号：ISBN 978-7-111-77940-7
定价：98.00元

电话服务　　　　　　　　　网络服务
客服电话：010-88361066　　机　工　官　网：www.cmpbook.com
　　　　　010-88379833　　机　工　官　博：weibo.com/cmp1952
　　　　　010-68326294　　金　书　网：www.golden-book.com
封底无防伪标均为盗版　　　机工教育服务网：www.cmpedu.com

编审委员会

主　　　任　张柳华

执行副主任　宋大我

副　主　任　魏　强　姚静仪　朱春生　解小青
　　　　　　侯　兵　孟祥忍　宋　珺　耿晓琛

委　　　员（按姓氏笔画排序）
　　　　　　王化麟　王祚荣　白传栋　刘　鹤
　　　　　　杨　慧　肖　黎　宋海军　於炀森
　　　　　　姜青青　徐益伟　唐建华　章海风
　　　　　　甄　涛

2024年7月13日,出席"校园名厨"培训班(太原)的领导、学员合影。

中国教育后勤协会伙食管理专业委员会"校园名厨"培训班合影留念
2024.07.17 扬州大学

2024年7月17日,出席"校园名厨"培训班(扬州)的领导、学员合影。

序

在中国教育后勤协会伙食管理专业委员会（以下简称伙专会）的精心策划下，《校园名厨的菜 第2版》与大家见面了，书中收录的百余道菜点是参加伙专会"校园名厨"培训班全体学员的智慧结晶。本书的出版既是培训成果的展示，也为更多的高校餐饮系统从业人员提供了一份更广泛、更深入、更专业的学习交流资料。

伙专会作为中国教育后勤协会的分支机构，一直致力于推动各级各类学校伙食管理和研究工作。自成立以来，始终秉持正确的办会方向，认真总结高校伙食管理经验，积极推动高校伙食理论研究，并不断探索高校伙食工作的规律。

近年来，为贯彻习近平总书记关于坚决制止餐饮浪费行为的重要指示精神，伙专会积极参与全国教育系统制止餐饮浪费工作，组织开展了"美好'食'光"校园系列活动。为构建制止餐饮浪费长效机制，伙专会牵头编制了《高等学校餐饮服务单位反食品浪费工作指南》和《高等学校智慧餐饮建设规范》团体标准。在广大师生员工的积极参与和共同努力下，教育系统制止餐饮浪费取得了阶段性成效。搭建学校餐饮行业各层次沟通交流平台、组织开展烹饪技术培训是伙专会的主要任务之一。2024年，伙专会继续组织高校餐饮系统烹饪骨干，在扬州大学旅游烹饪学院和山西盛世餐饮旅游技工学校开展"校园名厨"培训工作，无论是对于进一步提升高校餐饮优质供给能力、助力制止餐饮浪费，还是激发大家持续学习、积极推动高校餐饮高质量发展，都有着极其重要的意义。伙专会将培训班所有学员制作的菜点编撰成书，是此次培训的亮点之一，更是实现了培训成果的良好转化。

希望伙专会今后继续组织类似的活动，为高校后勤人员提供更多学习交流的机会，共同推动教育后勤事业高质量发展。

中国教育后勤协会会长
天津大学教授
刘建平

前言

亲爱的读者，非常荣幸能够与大家分享本书。2024年7月，来自全国各高校食堂及为高校食堂提供餐饮服务的餐饮管理公司的百余名业务骨干来到扬州大学旅游烹饪学院和山西盛世餐饮旅游技工学校，参加伙专会举办的"校园名厨"培训班。

培训期间，大家从最初的拘谨到在实验室里的亲切交流切磋，经历了一段难忘又充实的学习时光，建立了团结一致、互帮互助的学习氛围。在"专家讲座＋大师名师技艺表演＋演示教学＋学员互动＋作品展示"五位一体的教学体系下，达到了学习知识、交流技艺、互相学习的培训目标。本书的编写是为了让更多的高校餐饮系统从业人员注重专业技术学习与交流，从而更好地为广大师生做好餐饮服务工作。

本书收录了培训班全体学员的作品，这些菜点皆为具有地方特色、代表本单位餐饮水准的特色菜品，还邀请部分学员制作了九体养生菜，希望九体养生理念能够逐步深入日常餐饮服务之中。每道菜点皆详细介绍了主料、辅料、调味料及制作过程。全书图文并茂，可操作性强。本书可为高校餐饮从业人员提供举一反三的学习思路，可作为交流学习用书，也可供企事业单位食堂员工培训使用。

在这里，我们衷心感谢扬州大学旅游烹饪学院和山西盛世餐饮旅游技工学校，感谢所有参加培训的餐饮同仁，感谢参与培训组织与服务工作的老师，感谢参与本书编写和图片拍摄的老师，正是在大家的共同努力下这本书才能如期与大家见面。最后，希望《校园名厨的菜　第2版》能够成为广大高校餐饮从业人员学习和交流的重要工具，让我们一起努力，为高校餐饮的发展贡献力量，为广大师生提供更好的餐饮服务。

本书编写组

目录

序 — 6
前言 — 7

北京市

北京大学 — 13
仿鲍鱼 — 13
爆糊 — 14
荔枝肉丸 — 15
花开富贵 — 16
酒香肉方 — 17
蜂蜜芥末虾球 — 18
松露蘑菇包 — 19
蛋黄酥 — 20
麻酱糖饼 — 21
土豆包 — 22

中国人民大学 — 23
柠檬藤椒鸡 — 23
避风塘翅中 — 24
金汤龙利鱼 — 25
桂花里脊 — 26
椒麻牛柳 — 27
芒果虾仁 — 28
奶香薄荷虾球 — 29
擂椒鸡腿肉 — 30
千层酥、爆口酥 — 31

老北京糖火烧 — 32
山楂一口酥 — 33
五香烧饼 — 34

清华大学 — 35
蝴蝶鱼片蒸丝瓜 — 35
金丝芥末虾球 — 36
清韵荷塘 — 37
嫣红玉枣 — 38

北方工业大学 — 39
太阳肉 — 39
菠萝咕咾肉 — 40
炒烤肉片 — 41
韭香杏鲍菇 — 42
一帆风顺多宝鱼 — 43
葱香饼 — 44
脆皮炸糕 — 45
萝卜丝酥饼 — 46
绿豆酥皮 — 47
千层豆沙切饼 — 48

北京邮电大学 — 49
虾仁蒸蛋羹 — 49
老婆饼 — 50

中国农业大学 51

- 宫保鸡丁 51
- 松鼠鱼 52
- 鲜鱼肉卷 53
- 灯影薯片 54
- 孜然羊肉 55
- 香酥萝卜丝饼 56
- 椒麻鸡拌面 57
- 三角核桃卷 58
- 豌杂面 59
- 五彩绣球 60

北京林业大学 61

- 椒麻鱼片 61
- 一品萝卜丸 62
- 茄虾之恋 63
- 手打鱼丸 64
- 青椒鸡 65
- 黄金虾球 66
- 酱香饼 67
- 牛肉馅饼 68
- 燃面 69
- 酥皮泡芙 70

中国矿业大学（北京） 71

- 水煮牛肉 71
- 富贵虾球 72
- 花开富贵虾 73
- 绿豆糕 74
- 百合酿虾滑 75

中国地质大学（北京） 76

- 一品蛋黄酥 76

中国科学院大学 77

- 爆炒五花肉 77

内蒙古

内蒙古民族大学 78

- 熘肉段 78
- 家常饼 79

辽宁省

东北大学 80

- 孜然羊肉 80
- 酸辣里脊 81

上海市

东华大学 82

- 荷香干菜狮子头 82
- 翡翠虾球 83
- 鸳鸯水晶饺 84
- 月牙蒸饺 85

上海师范大学 — 86
金丝肉松黄鱼卷 — 86

上海大学 — 87
上大红烧肉 — 87
上大"缘圆"狮子头 — 88

江苏省

宿迁学院 — 89
黄桃排骨 — 89

浙江省

杭州科技职业技术学院（高桥校区） — 90
红烧肉 — 90

衢州粤衢餐饮有限公司 — 91
衢州扛酱 — 91

安徽省

合肥市天鲜配餐饮有限责任公司 — 92
香滑仔鸡 — 92
香辣鸡公煲 — 93
寿县大救驾 — 94

福建省

华侨大学 — 95
水煮鱼 — 95

广东省

暨南大学 — 96
麻婆豆腐 — 96

华南理工大学 — 97
糖醋咕咾鸡球 — 97
吉列鱼柳 — 98

广东技术师范大学 — 99
凯里酸汤牛肉 — 99
玉米虾仁炒滑蛋 — 100
孜然酥肉 — 101

电子科技大学中山学院 — 102
水果咕咾肉 — 102
香煎金鲳鱼 — 103
蒜香排骨 — 104
金银蒜粉丝蒸胜瓜 — 105
橙香虾球 — 106
核桃包 — 107
煎饺 — 108
三乡茶果 — 109
云吞面 — 110

广东工业大学	**111**
广式叉烧	111
菠萝咕咾肉	112
豉油皇凤爪	113

广西壮族自治区

桂林理工大学	**114**
开口笑	114
香酥脆麻花	115
广西医科大学	**116**
菠萝蜜炒爽肉	116
柠檬鸭	117
椒盐海虾	118
锦绣虾球	119
香酥荔蓉鸽	120
雪花糍	121
蛋酥烤包	122
白切鸡	123

贵州省

贵州师范大学	**124**
辣子鸡	124
酸汤鱼	125
肉包	126
鲜肉饼	127
贵州辣子鸡	128

云南省

昆明理工大学	**129**
松露多宝鱼	129
如意山珍卷	130
风味椒盐饼	131
玫瑰山药糕	132
香蜜玫瑰	133
蒸糕	134
百花乳饼	135
荷塘月色	136

陕西省

西安交通大学	**137**
金线油塔	137
萝卜丝饼	138
牛肉酥饼	139
陕西油糕	140
双色蒸饺	141
西安科技大学	**142**
蘑菇鸡翅	142
菊花鱼	143
九体养生菜	**144**
鱼香肉丝（平和质）	145
莴笋炒鸡片（平和质）	146
菠萝里脊肉（平和质）	147

大盘鸡（气虚质）	148	板栗焖鸡（湿热质）	161
西葫芦炒鸡蛋（气虚质）	149	苦瓜肉片（湿热质）	162
肉片杏鲍菇（气虚质）	150	话梅排骨（血瘀质）	163
红烧排骨（阳虚质）	151	滑蛋虾仁（血瘀质）	164
香芹炒香干（阳虚质）	152	养生乌鸡汤（血瘀质）	165
番茄炖牛腩（阳虚质）	153	水煮鸡片（气郁质）	166
木耳炒山药（阴虚质）	154	白灼菜心（气郁质）	167
莲藕煲鸭肉（阴虚质）	155	葱爆羊肉（气郁质）	168
鲜蘑熘肉片（阴虚质）	156	淮山玉米排骨汤（特禀质）	169
排骨萝卜汤（痰湿质）	157	萝卜炖牛腩（特禀质）	170
红烧带鱼（痰湿质）	158	板栗红烧肉（特禀质）	171
双椒炒鸡丝（痰湿质）	159		
锅包肉（湿热质）	160	**后记**	**172**

仿鲍鱼

制作人：曹立豹

成品口味：咸鲜。

- 主　料：虾仁。
- 辅　料：鲜香菇、菜心、玫瑰花瓣。
- 调味料：油、葱姜水、盐、料酒、水淀粉、鲍鱼汁。

制作过程

1. 鲜香菇洗净去根，修成椭圆形，入开水锅焯水。
2. 虾仁去除虾线后洗净，加少许盐抓拌均匀，用刀剁成虾泥，加入葱姜水打上劲。
3. 将焯水后的香菇剞十字花刀，酿上虾泥，放入油锅中滑熟，摆盘。
4. 锅中加油，放入少量鲍鱼汁、料酒、葱姜水烧沸，用水淀粉勾芡成料汁。
5. 将料汁均匀浇在菜品上，用焯熟的菜心、玫瑰花瓣围边装饰即可。

爆糊

制作人：李巍

成品口味：咸鲜。

主　料： 羊腿肉。

调味料： 香菜段、大葱、姜末、蒜片、油、盐、味精、生抽、白胡椒粉、醋、香油。

制作过程

1. 将羊腿肉切成柳叶片；大葱切片。
2. 锅加油烧热，加姜末爆香，下羊腿肉片炒至变色。
3. 放入盐、味精、生抽、白胡椒粉、大葱片、蒜片，继续煸炒至大葱片成熟。
4. 淋少许醋和香油，放入香菜段，翻炒出锅装盘。

荔枝肉丸

制作人：李云超

- **主 料**：猪肉末。
- **辅 料**：鸡蛋、马蹄、脆花粒、香草叶。
- **调味料**：盐、白胡椒粉、味精、葱姜水、料酒、淀粉、油。

制作过程

1. 将猪肉末加盐、白胡椒粉、味精、葱姜水、蛋清、料酒、淀粉，顺时针搅拌均匀后摔打上劲。
2. 将马蹄去皮切粒。
3. 将猪肉末与马蹄粒拌匀，制成荔枝大小的肉丸，裹上脆花粒。
4. 油烧至三成热时，放入制作好的肉丸炸至成熟，装盘，点缀香草叶即可。

成品口味：咸鲜。

花开富贵

制作人：栗建平

成品口味：酸甜。

- **主　料：** 南瓜。
- **辅　料：** 糯米粉、豆沙馅、米网皮、香葱、法香。
- **调味料：** 白糖、番茄沙司、油。

制作过程

1. 南瓜去皮蒸熟后制成泥，加白糖、糯米粉揉成小团，蒸熟。
2. 蒸好的南瓜团子包入豆沙馅，再包上米网皮，用香葱扎口。
3. 锅中加油烧至四成热，将包好的坯子炸至表面酥黄。
4. 出锅装盘，用法香装饰，配番茄沙司。

酒香肉方

成品口味：咸甜

制作人：肖向东

- 🍴 **主 料：** 五花肉。
- 🥬 **辅 料：** 玫瑰花瓣等装饰花朵。
- 🧂 **调味料：** 葱段、姜片、油、八角、桂皮、冰糖、红曲米、花雕酒、生抽。

制作过程

1. 五花肉切成方块。
2. 五花肉块加入花雕酒、葱段、姜片、生抽腌渍半小时。
3. 油烧至六成热，放入腌渍好的五花肉块，炸至定型捞出。
4. 锅留底油，放入冰糖炒成糖色，加入水、八角、桂皮、红曲米、冰糖、花雕酒、五花肉块，大火烧沸后转小火烧1.5小时，大火收汁，装盘，点缀玫瑰花瓣等装饰花朵。

蜂蜜芥末虾球

制作人: 张洪军

成品口味:香甜.

- **主 料:** 虾仁。
- **辅 料:** 鸡蛋、馄饨皮、巧克力。
- **调味料:** 盐、味精、料酒、白胡椒粉、蜂蜜芥末酱、淀粉、油。

制作过程

1. 虾仁制成蓉,加盐、味精、白胡椒粉、料酒、蛋清、淀粉搅拌均匀上劲。
2. 油烧至四成热,将拌好的虾蓉挤成圆球,下油锅炸至成熟、金黄酥脆,捞出;馄饨皮炸至淡黄色捞出。
3. 将炸好的馄饨皮装盘,挤上蜂蜜芥末酱,再放上虾球,点缀巧克力。

松露蘑菇包

成品口味：香甜。

制作人：葛宗艳

主　料：面粉。

辅　料：白糖、熟猪油、奶粉、无糖可可粉、粘米粉、豆沙馅、酵母、泡打粉、三色堇。

制作过程

1. 面粉加酵母、泡打粉、白糖、熟猪油、奶粉、温水和成光滑的面团。
2. 将豆沙馅分成小剂子，将无糖可可粉、粘米粉加水调至黏稠成可可粉液。
3. 将面团分成小剂子，包入豆沙馅，表面刷上可可粉液，制成形似松露的生坯后醒发。
4. 上笼蒸10分钟即可，装盘，点缀三色堇。

蛋黄酥

制作人：胡艳红

成品口味：咸甜。

主 料： 面粉、咸鸭蛋黄。

辅 料： 大豆油、白糖、黄油、豆沙馅、鸡蛋、黑芝麻、玫瑰花瓣。

制作过程

1. 面粉、大豆油、白糖、水倒入盆中和成水油面团；面粉、黄油擦成油酥。
2. 水油面包住油酥，擀开后，叠3层后再次擀开卷起。
3. 面团下剂并压扁擀成圆形，包入豆沙馅和咸鸭蛋黄，收口捏紧，码放到烤盘中。
4. 刷上蛋黄液，粘上黑芝麻成生坯。
5. 烤箱预热至180℃，放入生坯烘烤至表面金黄即可，装盘，点缀玫瑰花瓣。

麻酱糖饼

成品口味：香甜。

制作人：李自渠

- **主　料**：面粉。
- **辅　料**：泡打粉、酵母、芝麻酱。

制作过程

1. 面粉、泡打粉、酵母、水和成面团醒发20分钟。
2. 面团擀开成长方形，均匀抹上芝麻酱，折叠后擀成圆形。
3. 电饼铛上火与下火均调至180℃，放入饼坯烙至两面金黄。
4. 将麻酱饼切成三角块，装盘。

土豆包

制作人：梁邦山

主 料： 面粉。
辅 料： 南瓜、酵母、泡打粉、白糖、可可粉、玉米面、豆沙馅。

制作过程

1. 南瓜去皮蒸熟后搅打成泥。
2. 面粉加酵母、泡打粉、白糖、南瓜泥和成面团，醒20分钟。
3. 将可可粉与玉米面拌匀成泥土色。
4. 面团揪成小剂，包豆沙馅，搓成土豆形状，粘上可可粉与玉米面，醒30分钟。
5. 上锅蒸10分钟，装盘，撒可可粉装饰。

成品口味：香甜。

柠檬藤椒鸡

制作人：李涛

成品口味：麻辣

- **主　料：** 三黄鸡。
- **辅　料：** 熟白芝麻、红椒圈、柠檬片、香菜段。
- **调味料：** 葱、姜、蒜蓉、料酒、黄栀子、油、鲜藤椒、盐、味精、鸡精、白胡椒粉、白糖、金酸汤酱。

制作过程

1. 葱一半切成葱花、一半切成葱段；姜一半切成姜末、一半切成姜片。
2. 锅中加三黄鸡、水、葱段、姜片、料酒、黄栀子煮熟。
3. 捞出煮熟的三黄鸡，剁好摆盘。
4. 锅加油烧热，放入葱花、姜末、蒜蓉、柠檬片、鲜藤椒爆香，加入适量水、盐、味精、鸡精、白胡椒粉、白糖、金酸汤酱烧沸成料汁。
5. 烧好的料汁装入味碟，撒上熟白芝麻，摆在三黄鸡旁边，点缀红椒圈、鲜藤椒、柠檬片、香菜段。

避风塘翅中

制作人：刘勋

成品口味：麻辣。

主　料：鸡翅中。

辅　料：洋葱末、香芹末、面包糠、法香。

调味料：葱末、姜末、蒜蓉、香菜末、料酒、盐、味精、油、黄飞鸿调味料、麻辣鲜、淀粉、豆豉、干辣椒丝、香菜梗。

制作过程

1. 鸡翅中加水浸泡出血水，捞出沥干，加料酒、盐、味精、葱末、姜末、蒜蓉、洋葱末、香菜末、香芹末腌渍。

2. 面包糠、蒜蓉入三成热油中，用小火炸干，捞出沥油。黄飞鸿调味料用料理机打碎，加麻辣鲜、炸好的面包糠、蒜蓉拌匀成味料。

3. 鸡翅中捞出洗净，拍淀粉，下五成热的油中炸熟。

4. 锅留底油，放入豆豉、干辣椒丝炒香，加入拌好的味料、盐、味精翻炒均匀，出锅前放入香菜梗略炒，装盘，点缀法香。

金汤龙利鱼

制作人：任立强

成品口味：酸辣。

- **主 料**：龙利鱼。
- **辅 料**：黄豆芽、金针菇、高汤、法香、洋兰。
- **调味料**：盐、味精、料酒、淀粉、干红辣椒、葱末、姜末、蒜蓉、黄灯笼辣椒酱、金酸汤酱、橙汁、白胡椒粉、白糖、鸡汁、白醋、花椒、油。

制作过程

1. 龙利鱼切片，放入少许盐、味精、料酒、淀粉上浆；干红辣椒切小段。
2. 锅加油烧热，放入葱末、姜末、蒜蓉炒出香味，放入黄灯笼辣椒酱和金酸汤酱炒匀，然后加入高汤、盐、橙汁、白胡椒粉、白糖、鸡汁、白醋调味。
3. 烧沸后，放入龙利鱼片，再放入黄豆芽、金针菇烧熟，倒入汤盘中，上面放上花椒、干红辣椒段、葱末。
4. 另起锅加油烧热，浇在花椒、干红辣椒段、葱末上，盘边点缀法香和洋兰。

桂花里脊

成品口味：咸甜。

制作人：陶广成

- **主　料**：猪里脊肉。
- **辅　料**：干桂花、法香、雏菊。
- **调味料**：淀粉、脆炸粉、盐、味精、油、浓缩橙汁、糖桂花、白糖。

制作过程

1. 猪里脊肉洗净切条，加少量盐、味精腌渍。
2. 淀粉、脆炸粉加水调成脆皮糊。
3. 腌好的猪里脊肉条放入脆皮糊中。
4. 油烧到五成热，下挂好糊的猪里脊肉条炸成金黄色，捞出装盘，撒干桂花。用法香、雏菊点缀。
5. 锅留底油，放入浓缩橙汁、糖桂花、白糖调成汁，用作蘸料。

椒麻牛柳

制作人：王念堂

成品口味：麻辣。

主　料：牛柳。

辅　料：青美人椒段、红美人椒段、鸡蛋、熟白芝麻。

调味料：大葱段、姜片、小苏打、水淀粉、油、青花椒、干辣椒丝、盐、白糖、味精、辣鲜露、白酒。

制作过程

1. 牛柳切片，泡去血水，捞出沥干。
2. 牛柳片放入盆中，加水、小苏打、鸡蛋液、水淀粉搅匀上浆。
3. 将上好浆的牛柳片入五成热的油锅中滑熟，捞出沥油。
4. 锅留底油，放入大葱段、姜片煸香捞出，再放青花椒、干辣椒丝、青美人椒段、红美人椒段炒出香味，放牛柳片，加盐、白糖、味精、辣鲜露调味，翻炒均匀，烹白酒，撒熟白芝麻即可。

芒果虾仁

制作人： 徐伟涛

成品口味：咸鲜微甜。

主　料： 鲜虾仁、芒果。

辅　料： 鸡蛋、黄瓜、胡萝卜。

调味料： 油、盐、鸡精、味精、白胡椒粉、淀粉。

制作过程

1. 虾仁去除虾线，洗净，加盐、鸡精、蛋清、淀粉抓匀。

2. 芒果切丁，黄瓜、胡萝卜切花刀片；盐、鸡精、味精、白胡椒粉、少量淀粉、水调成料汁。

3. 油烧至五成热，下虾仁滑散，继续倒入芒果丁、黄瓜片、胡萝卜片滑油至断生后捞出。

4. 锅留底油，倒入调好的料汁烧开，再下滑好油的虾仁、芒果丁、黄瓜片、胡萝卜片，翻炒均匀，装盘，点缀黄瓜片。

奶香薄荷虾球

成品口味：咸甜微辣。

制作人：袁宏敏

主 料： 虾仁。

辅 料： 熟黑芝麻、红心火龙果、柠檬、虾头。

调味料： 薄荷叶、葱姜水、盐、炼乳、青芥辣、沙拉酱、油、淀粉。

制作过程

1. 虾仁去虾线，用葱姜水和盐腌渍；红心火龙果切片；薄荷叶切末。
2. 碗中放入炼乳、青芥辣、沙拉酱、熟黑芝麻、薄荷叶末，挤入柠檬汁调成酱料。
3. 腌好的虾仁裹好淀粉，入五成热油中炸至外酥里嫩，捞出沥油。
4. 炸好的虾仁裹上调好的酱料，用火龙果片垫底，装盘，点缀薄荷叶和炸好的虾头。

擂椒鸡腿肉

制作人：周辉

成品口味：麻辣

主　料： 去骨鸡腿肉。

辅　料： 螺丝椒、美人椒、西芹、青笋、小米辣。

调味料： 葱末、姜末、蒜蓉、盐、味精、鸡精、生抽、蚝油、辣妹子辣酱、一品鲜酱油、料酒、水淀粉、青花椒、白糖、油。

制作过程

1. 将去骨鸡腿肉切丁，加盐、味精腌渍；将美人椒切段；西芹、青笋切丁；螺丝椒、小米辣切圈。

2. 锅加油烧热，下螺丝椒圈炒熟，捞出切碎。鸡腿肉丁入油锅滑熟，捞出。西芹丁、青笋丁滑油至断生，捞出。

3. 锅加油烧热，放入葱末、姜末、蒜蓉爆香，随后放入盐、味精、鸡精、料酒、生抽、蚝油、辣妹子辣酱、一品鲜酱油、青花椒、小米辣圈、白糖煸炒后，加入少量水。

4. 烧沸后用水淀粉勾芡，倒入鸡腿肉丁、螺丝椒圈、美人椒段、西芹丁、青笋丁翻炒均匀出锅即可。

千层酥、爆口酥

制作人： 黎连忠

主　料： 面粉。

辅　料： 油、白糖、黄油、鸡蛋、豆沙馅、白芝麻。

成品口味： 香甜。

制作过程

1. 面粉、油、白糖、水和成团，制成水油面团。
2. 面粉和黄油擦匀制成油酥。
3. 水油面团擀开，包入油酥，擀成薄片，卷起来继续擀开，重复两次后，裁出所需要的面剂子。
4. 一半面剂子包入豆沙馅，捏成半月形后刷上蛋黄液成千层酥生坯；另一半面剂子包上豆沙馅后捏成球形，刷蛋黄液，撒上白芝麻，在顶部划一刀成爆口酥生坯。
5. 两种生坯放入上火200℃、下火180℃的烤箱中，烤20分钟即可。

老北京糖火烧

制作人：孙大超

主　料： 面粉。

辅　料： 芝麻酱、糖桂花、碱面、酵母、白芝麻、红糖。

成品口味：香甜。

制作过程

1. 把红糖擀碎，加入芝麻酱、糖桂花和匀。
2. 面粉加酵母、碱面、水和成软一点的面团。
3. 把和好的面团擀成薄片，均匀抹上红糖麻酱卷起。
4. 下剂子、揉成圆形，按扁，撒白芝麻，放入烤盘。
5. 入上火220℃、下火200℃的烤箱烤至表面金黄即可。

山楂一口酥

制作人:张明祥

- **主料:** 面粉。
- **辅料:** 熟猪油、山楂馅、鸡蛋、黑芝麻、白糖、糖水樱桃。

制作过程

1. 面粉加熟猪油擦成油酥。
2. 面粉加白糖、水、熟猪油和成水油面团。
3. 把水油面团擀开,包上油酥,擀成长方形面片后卷起来,再擀成长条形面片。
4. 将山楂馅搓成和面片长度一样的条,放到面片上,面片卷起来包裹住山楂馅,收口捏紧,轻轻搓匀。
5. 切成3厘米左右的小段,摆入烤盘,表面刷蛋黄液,撒上黑芝麻,入预热好的烤箱,以上下火180℃烘烤20分钟,装盘,点缀糖水樱桃。

成品口味:酸甜。

中国人民大学

五香烧饼

制作人：郝龙

成品口味：咸香略麻。

主　料：面粉。

辅　料：花椒粉、孜然粉、小茴香粉、油、黑芝麻、白芝麻。

制作过程

1. 面粉加水和成面团，醒10分钟。
2. 油烧热，浇入面粉中拌匀成油酥。
3. 面团包好油酥，擀成片，对折后再擀开，反复几次后擀成薄片，均匀撒上花椒粉、孜然粉、小茴香粉，卷成圆柱形，分成小剂子，揉成圆形后按扁成饼坯，撒上黑芝麻、白芝麻。
4. 饼坯放入油锅炸至两面金黄即可。

蝴蝶鱼片蒸丝瓜

制作人：吉光辉

主　料： 鲈鱼、丝瓜。
辅　料： 青椒、红椒、鸡蛋、三色堇。
调味料： 盐、味精、白胡椒粉、料酒、淀粉、蒸鱼豉油、油。

成品口味：咸鲜。

制作过程

1. 鲈鱼宰杀后去骨，鱼肉改刀成夹刀片，加蛋清、盐、味精、白胡椒粉、料酒及淀粉上浆。
2. 丝瓜去皮，切成方块；青椒、红椒切粒、拌匀。
3. 将丝瓜块码入盘中，鱼片放丝瓜块上。
4. 蒸箱上汽后，将摆好盘的丝瓜块、鱼片入蒸箱蒸4分钟。
5. 淋上蒸鱼豉油，撒上青椒粒、红椒粒，浇上热油，用三色堇点缀。

金丝芥末虾球

制作人：刘朔

成品口味：酸甜。

主　料： 虾仁。

辅　料： 红心火龙果、红薯、鸡蛋、薄荷叶。

调味料： 葱段、姜片、料酒、油、玉米淀粉、蜂蜜芥末酱。

制作过程

1. 虾仁开背，去虾线，加葱段、姜片、料酒、蛋黄液腌渍入味。
2. 红心火龙果切片；红薯切细丝，用六成热的油炸脆。
3. 腌好的虾仁均匀裹上玉米淀粉，下180℃油中炸至定型成熟捞出。
4. 锅留底油，下蜂蜜芥末酱，用小火熬至浓稠，下炸好的虾仁，翻炒均匀。
5. 虾仁放在红心火龙果片上，上面放上炸好的红薯丝，点缀薄荷叶即可。

清韵荷塘

成品口味：香甜。

制作人：解路远

- **主 料**：面粉。
- **辅 料**：白砂糖、熟猪油、莲蓉馅、黑芝麻、紫菜条、油。

制作过程

1. 500克面粉加水、10克白砂糖、10克熟猪油搅拌均匀成水油面团，醒10分钟；250克熟猪油加500克面粉擦成油酥。
2. 将醒好的水油面团擀开，包上油酥，擀成长50厘米、宽40厘米的片，对折后再擀开，反复操作两次后放入冰箱冷冻1小时。
3. 将莲蓉馅炒熟。
4. 将冻好的面皮取出，擀成薄片后切成边长5厘米的正方片，包入炒好的莲蓉馅，捏成莲藕形状，用紫菜条做出藕节，两端点缀上黑芝麻作为藕孔。
5. 油烧至150℃，将莲藕酥生坯放进油锅炸3分钟即可。

嫣红玉枣

制作人：李长贤

成品口味：香甜。

主　料： 面粉。

辅　料： 红枣、红豆、瓜子仁、油、泡打粉、酵母、红糖、红曲粉、椰蓉。

制作过程

1. 将红豆浸泡一晚、蒸熟；红枣煮好去核压成泥；锅中放油，加红糖炒化，放入枣泥和红豆边炒边压成泥，放凉，逐一包入瓜子仁，团成球即成馅。

2. 盆中放入面粉、泡打粉、酵母、红糖、红曲粉，分次加入煮枣的水和成面团。

3. 将和好的面团下剂，按压成面皮，包入馅揉搓成红枣状，用带有褶皱的锡纸轻压一下即成生坯。

4. 生坯上锅蒸10分钟即可，装盘，用椰蓉点缀。

太阳肉

制作人：胡明学

- 主　料：猪肉馅。
- 辅　料：马蹄、香菇、鸡蛋、枸杞子、大白菜、蒸蛋羹、葱叶。
- 调味料：盐、味精、白胡椒粉、料酒、葱姜水、酱豆腐汁、油、水淀粉。

成品口味：咸鲜。

制作过程

1. 马蹄、香菇洗净切小丁，放入猪肉馅中加适量盐、味精、料酒、葱姜水、酱豆腐汁搅打上劲。
2. 鸡蛋煮熟后去壳，用做法1的猪肉馅包住鸡蛋后团成肉丸。
3. 油烧至六成热后下肉丸炸至定型捞出。
4. 用大白菜叶垫盘，将炸好的肉丸放在大白菜叶上，入蒸箱蒸25分钟取出，一分为二，装盘。
5. 锅中加水烧热，放入适量盐、味精、白胡椒粉调成咸鲜汁，用水淀粉勾芡，淋入盘中，点缀枸杞子，盘中间放入蒸蛋羹，并点缀葱叶、枸杞子。

菠萝咕咾肉

制作人：李强垒

成品口味：酸甜咸。

主 料： 猪里脊肉。

辅 料： 菠萝、青椒、红椒、鸡蛋、法香。

调味料： 盐、白糖、白醋、番茄酱、淀粉、料酒、白胡椒粉、油。

制作过程

1. 将猪里脊肉切成正方块；菠萝去皮切块后用盐水浸泡；青椒、红椒切菱形片。
2. 碗中加白糖、白醋、番茄酱、盐、适量水和淀粉调成碗汁。
3. 将猪里脊肉块加入适量盐、料酒、白胡椒粉腌渍。
4. 鸡蛋液、淀粉加水调成糊，将猪里脊肉块倒入糊中裹匀。
5. 油烧至五成热，下猪里脊肉块，用小火慢炸至断生捞出，待油温烧至六成热后下锅复炸至金黄捞出。菠萝块、青椒片、红椒片滑油捞出。
6. 锅留底油，将碗汁倒入锅中熬至黏稠，放入猪里脊肉块快速翻炒，下菠萝块、青椒片、红椒片略翻炒，装盘，点缀法香、红椒丝花。

炒烤肉片

制作人：汪伟

- **主　料：** 猪肉片。
- **辅　料：** 紫洋葱、香菜。
- **调味料：** 盐、味精、油、孜然、辣椒面。

成品口味：香辣咸鲜。

制作过程

1. 猪肉片洗净，加入盐、味精腌渍。
2. 紫洋葱切丝，香菜切段。
3. 油烧至六成热时，放入猪肉片滑油至断生捞出。
4. 锅留底油，放入孜然炒香，再放入猪肉片、紫洋葱丝、香菜段翻炒均匀出锅，撒辣椒面。

韭香杏鲍菇

成品口味：香辣

制作人：王胜华

- 主　料：杏鲍菇、五花肉。
- 辅　料：韭菜、杭椒、小米辣。
- 调味料：姜末、蒜蓉、油、蚝油、一品鲜酱油、味精、鸡精、白糖、十三香。

制作过程

1. 杏鲍菇、五花肉切片；韭菜切段；杭椒、小米辣切圈。
2. 杏鲍菇片用油炸至淡黄，捞出沥油。
3. 锅留底油，下姜末、蒜蓉、杭椒圈、小米辣圈炒香，下五花肉片煸炒。
4. 下杏鲍菇片、韭菜段，再加入蚝油、一品鲜酱油、味精、鸡精、白糖、十三香翻炒均匀即可。

一帆风顺多宝鱼

成品口味：咸鲜。

制作人：赵奇磊

- **主　料：** 多宝鱼。
- **辅　料：** 红椒、黄椒、青椒、鸡蛋、木耳。
- **调味料：** 盐、味精、白糖、白胡椒粉、料酒、鸡汁、淀粉、葱末、姜末、蒜蓉、油。

制作过程

1. 多宝鱼宰杀洗净，骨和肉分离，鱼肉切成条，加入盐、白胡椒粉、蛋清腌渍；红椒、黄椒、青椒切条；木耳泡发后撕成小朵。
2. 油烧至五成热，将鱼骨下锅炸至金黄定型后捞出。
3. 盐、味精、白糖、白胡椒粉、料酒、鸡汁、淀粉加水调成料汁。
4. 鱼条下四成热油中滑油至熟。
5. 锅留底油，加葱末、姜末、蒜蓉翻炒出香味，再下木耳、红椒条、黄椒条、青椒条炒香，倒入鱼条，淋入料汁翻炒均匀出锅。

葱香饼

制作人：陈述超

主料： 特精粉。

辅料： 香葱、黄油、盐、酵母、牛奶香粉、泡打粉、白糖、油、白芝麻。

制作过程

1. 黄油倒入盆中加温水化开，加盐、酵母、牛奶香粉、泡打粉、白糖和开，倒入特精粉和成面团醒发。
2. 香葱洗净，切末。
3. 醒发好的面团下剂，擀成长条，撒上香葱末卷起，撒上白芝麻，入蒸箱蒸25分钟左右。
4. 出锅后入180℃的油中炸成金黄色即可。

成品口味：香甜。

脆皮炸糕

制作人：陈建国

主　料： 面粉。

辅　料： 油、油酥、红糖、白芝麻、果酱。

成品口味：香甜.

制作过程

1. 水烧沸，浇入面粉中和匀。
2. 加入少许油酥揉匀。
3. 做成每个80克的剂子。
4. 红糖、白芝麻拌匀成馅，剂子包馅后搓成条形。
5. 入六成热的油中炸至金黄，捞出装盘，用果酱作画点缀。

萝卜丝酥饼

成品口味：咸鲜。

制作人：李关公

- **主　料**：面粉、白萝卜。
- **辅　料**：熟猪油、虾米、鸡蛋、黑芝麻、白芝麻、葱花。
- **调味料**：白糖、盐、香油、白胡椒粉。

制作过程

1. 面粉中加入盐、白糖、熟猪油、水搅拌均匀制成水油面团，醒30分钟。
2. 面粉和熟猪油反复搓擦成团，制成油酥。
3. 白萝卜制成丝，入开水锅汆烫后挤干水分，加盐、白糖、香油、白胡椒粉、葱花、虾米拌匀成馅。
4. 水油面团擀成片，包入油酥，起酥后分成小剂，包入馅，表面刷蛋黄液，粘黑芝麻、白芝麻成生坯。
5. 生坯放入烤箱烤20分钟即可。

绿豆酥皮

成品口味：香甜。

制作人： 胡京雷

主　料： 面粉。

辅　料： 绿豆沙、鸡蛋、黄油、糖水樱桃。

制作过程

1. 面粉加黄油、水和成水油面团，醒面；面粉加黄油擦成油酥。
2. 水油面团醒好后擀开，包入油酥。
3. 擀开成长方形片，对折后再擀开。
4. 用圆形圈模刻出圆皮，包入绿豆沙，刷蛋黄液，四周划出纹路成生坯。
5. 把生坯放入烤箱，以200℃烤20分钟，点缀糖水樱桃片即可。

千层豆沙切饼

成品口味：香甜

制作人：杜小云

主 料： 面粉、豆沙。

辅 料： 酵母、泡打粉、白糖、油、黑芝麻、白芝麻、糖水樱桃、香菜。

制作过程

1. 面粉加水、酵母、泡打粉、白糖、油和匀成面团，稍醒后压成薄片。
2. 抹上豆沙，叠成长条。
3. 用擀面杖擀均匀，压上纹，撒上黑芝麻、白芝麻。
4. 醒发后蒸30分钟。
5. 切成每块120克左右的三角形饼，装盘，点缀糖水樱桃和香菜。

虾仁蒸蛋羹

制作人：蔡敏辉

成品口味：咸鲜。

- **主　料：** 虾仁、鸡蛋。
- **辅　料：** 青椒末、红椒末。
- **调味料：** 盐、白胡椒粉、料酒、姜片、淀粉、蒸鱼豉油、香油、香葱末。

制作过程

1. 将虾仁开背挑去虾线，放盐、白胡椒粉、料酒、姜片、淀粉抓匀去腥，入开水锅煮变色后捞出。
2. 碗里加入鸡蛋打匀，加入适量温水和盐搅拌均匀后撇除浮沫，盖上保鲜膜扎些小孔，上锅蒸8分钟，揭去保鲜膜。
3. 摆上虾仁后继续蒸2分钟。
4. 出锅撒上香葱末、青椒末、红椒末，淋上蒸鱼豉油、香油即可。

老婆饼

成品口味：香甜

制作人：武春霞

主　料： 中筋面粉、低筋面粉。

辅　料： 油、熟猪油、白莲蓉、鸡蛋、黑芝麻、香菜段、红椒片。

制作过程

1. 中筋面粉、油、水和成水油面团，醒10分钟。
2. 低筋面粉加熟猪油擦成油酥。
3. 水油面包入油酥后，擀成长方形，叠成三层，再重复两次，最终擀成长方形面片。
4. 用圆形圈模刻出圆皮，包入白莲蓉后收口，按压成饼状，刷上蛋黄液，撒上黑芝麻。
5. 放入上火200℃、下火180℃的烤箱内，烤至外表金黄，装盘，点缀香菜段、红椒片。

宫保鸡丁

制作人：吴燕琛

成品口味：酸甜咸香，微麻辣。

- **主 料**：鸡胸肉。
- **辅 料**：鸡蛋、花生。
- **调味料**：盐、味精、料酒、淀粉、水淀粉、大葱、蒜、油、花椒、干辣椒段、豆瓣酱、白糖、米醋。

制作过程

1. 鸡胸肉切成1厘米见方的丁，加盐、味精、料酒、水、蛋清、淀粉腌渍；大葱、蒜切丁；花生炸熟放凉。
2. 腌好的鸡胸肉丁入油锅滑熟。
3. 锅中放油，放花椒炒香，再放干辣椒段、大葱丁、蒜丁、豆瓣酱炒出红油，放入白糖、米醋炒出小泡，加入少许水和味精，用水淀粉勾芡，放入滑好的鸡胸肉丁炒熟，加入花生拌匀即可。

松鼠鱼

制作人： 张玉龙

- **主　料：** 草鱼。
- **辅　料：** 法香、胡萝卜片。
- **调味料：** 葱、姜、料酒、盐、淀粉、油、番茄酱、白糖、白醋、水淀粉。

成品口味：酸甜。

制作过程

1. 将草鱼去鳞、鳃、内脏，清洗干净；葱切段、姜切片。
2. 切下鱼头，然后沿着脊骨开刀，片到尾部但不要切断，去除脊骨和胸骨大刺。在鱼肉上剞直刀和斜刀，形成麦穗状花纹，深度至鱼皮但不要划破。
3. 草鱼肉加入葱段、姜片、料酒、盐腌渍半小时。
4. 草鱼肉沥干，均匀拍上淀粉，入六成热油中炸至金黄，捞出沥油。
5. 锅留底油，加入番茄酱、白糖、白醋、盐调匀，加入少量水淀粉勾芡，浇在炸好的草鱼肉上，装盘，点缀法香和胡萝卜片。

鲜鱼肉卷

制作人：郑峰

成品口味：咸鲜微辣。

- 主　料：草鱼。
- 辅　料：五花肉、秋葵。
- 调味料：小葱花、盐、白胡椒粉、料酒、葱姜水、淀粉、味精、剁椒鱼头酱、油。

制作过程

1. 草鱼去鳞、鳃、内脏，清洗干净后将肉取下；秋葵切片焯水。
2. 草鱼肉切成蝴蝶夹片，冲洗干净沥干，放盐、白胡椒粉、料酒、葱姜水，抓至发黏，再放点淀粉抓均匀。
3. 五花肉剁碎，加入盐、味精、料酒、水，打至上劲，再加一点淀粉搅拌均匀成肉馅。
4. 草鱼片上放适量肉馅抹匀，卷成卷，放一点剁椒鱼头酱。
5. 草鱼卷放入蒸箱蒸10分钟取出，滗出里面的水，草鱼卷上撒上小葱花，淋上热油，点缀秋葵即可。

灯影薯片

成品口味：麻辣酸甜。

制作人：陈国际

- **主料**：红薯。
- **辅料**：薄荷叶。
- **调味料**：油、蚝油、辣鲜露、醋、白糖、盐、花椒粉、香辣红油。

制作过程

1. 红薯切薄片，洗去淀粉，沥干。
2. 油烧至四成热，下红薯片用小火炸至金黄酥脆，捞出沥油。
3. 锅留底油，加入蚝油、辣鲜露、醋、白糖、盐、花椒粉，加热至白糖溶化，待汁水黏稠后，下红薯片翻炒均匀，出锅前放入香辣红油，装盘，点缀薄荷叶。

孜然羊肉

制作人：高宾华

- 主　料：羊后腿肉。
- 辅　料：洋葱、鸡蛋。
- 调味料：孜然、辣椒面、油、淀粉、料酒、盐、香菜。

制作过程

1. 羊后腿肉洗净切片；洋葱切片；香菜切段。
2. 羊后腿肉片加鸡蛋液、盐、料酒、淀粉抓拌均匀，腌渍10分钟。
3. 油烧至七成热，将羊后腿肉片放入锅中滑油至熟。
4. 锅留底油，放入孜然炒香，放入洋葱片煸炒，再放入羊后腿肉片、盐、辣椒面翻炒，最后放入香菜段翻炒均匀出锅。

成品口味：咸香微辣。

中国农业大学

香酥萝卜丝饼

制作人：牛长青

成品口味：咸鲜.

主　料： 面粉、白萝卜、胡萝卜。

辅　料： 熟猪油、白芝麻粉、大葱末、虾米、玫瑰花瓣、法香。

调味料： 盐、香油、鸡精、五香粉、油。

制作过程

1. 面粉加水、盐和成面团，稍醒。面粉加熟猪油擦成油酥。
2. 面团擀开，包入油酥，起酥后下成小剂子。
3. 胡萝卜、白萝卜擦丝，撒点盐去除部分水分，加入白芝麻粉、大葱末、虾米、香油、鸡精、五香粉拌匀成馅。
4. 小剂子擀开，放入馅料后卷好，按扁。
5. 放进烙饼锅内，加油，烙至两面金黄，装盘，点缀玫瑰花瓣、法香。

椒麻鸡拌面

成品口味：麻辣咸香

制作人：韩鹏飞

- **主　料**：碱水面、鸡腿。
- **辅　料**：香菜、青椒、红椒、洋葱、熟白芝麻、玫瑰花瓣。
- **调味料**：八角、桂皮、丁香、白蔻、辣椒王、香叶、辣椒红油、花椒油、老抽、生抽、一品鲜酱油、味极鲜、鸡精、味精、麻椒。

制作过程

1. 鸡腿冷水下锅，加入八角、桂皮、丁香、白蔻、辣椒王、香叶煮至断生，捞出晾凉。
2. 香菜切段，青椒、红椒分别斜切成片；洋葱切丝；鸡腿撕成略粗的丝。
3. 鸡腿丝、香菜段、青椒片、红椒片、洋葱丝、熟白芝麻、辣椒红油、花椒油、老抽、生抽、一品鲜酱油、味极鲜、鸡精、味精、麻椒拌匀。
4. 开水煮碱水面至断生，捞出过凉装盘，放上椒麻鸡，点缀玫瑰花瓣。

三角核桃卷

成品口味：香甜。

制作人：刘喜荣

主　料：面粉、核桃仁。
辅　料：牛奶、黄油、盐、白砂糖、泡打粉、枣（去核）、鸡蛋、黑芝麻、白芝麻、香葱花。

制作过程

1. 面粉中加入少许盐、黄油、白砂糖、泡打粉，揉搓成细小的颗粒状。
2. 再加入鸡蛋液和牛奶揉成团，盖上保鲜膜醒发20分钟。
3. 核桃仁、枣、蛋清、白砂糖一起放入搅拌机搅打成馅。
4. 醒好的面团擀成长方片，将馅平铺在面片上卷起，切成三角形，撒上黑芝麻、白芝麻。
5. 放入烤箱，烘烤30分钟，装盘，点缀香葱花。

豌杂面

制作人：陈文杰

成品口味：香辣

- **主　料：** 面条。
- **辅　料：** 干豌豆、肉末、糖水樱桃、高汤。
- **调味料：** 姜末、蒜蓉、葱花、味精、甜面酱、豆瓣酱、黄豆酱、生抽、老抽、蚝油、油、花椒粉、红油辣椒。

制作过程

1. 干豌豆洗净后提前一晚泡水，入高压锅煮30分钟。
2. 油烧热，下姜末炒香，下肉末炒干，加入甜面酱、豆瓣酱、黄豆酱炒香，加入生抽、老抽，加入少量水用大火收汁。
3. 姜末、蒜蓉、花椒粉、味精、生抽、蚝油、红油辣椒、少许高汤调成料汁。
4. 水烧沸，下面条煮熟，捞出面条，放上炒好的肉末、煮好的豌豆，浇上料汁，撒上葱花，装盘，点缀糖水樱桃。

五彩绣球

制作人：王小余

- **主　料**：糯米粉、南瓜。
- **辅　料**：细白糖、星星糖、炼乳、枣泥馅、鸡蛋、油、红色果酱、糖水樱桃。

成品口味：香甜。

制作过程

1. 南瓜切小块蒸15分钟，压成泥，放入糯米粉、细白糖、炼乳，揉成光滑的面团。
2. 面团分成小剂子，分别按扁，包入枣泥馅，揉成圆球，裹上鸡蛋液，撒上星星糖成生坯。
3. 锅中放油烧至五成热，放入生坯炸至金黄酥脆，装盘，滴上红色果酱，点缀糖水樱桃。

椒麻鱼片

成品口味：咸鲜微辣。

制作人：陈亮

- **主　料：** 黑鱼。
- **辅　料：** 线椒圈、小米辣圈、蒜蓉。
- **调味料：** 盐、白胡椒粉、淀粉、菜籽油、啤酒。

制作过程

1. 黑鱼洗净切片，加盐、白胡椒粉、淀粉腌渍。
2. 黑鱼片汆熟。
3. 锅中放入菜籽油烧热，加入一半蒜蓉炒至金黄。
4. 加入另一半蒜蓉、线椒圈、小米辣圈炒香，放入少许啤酒、盐、白胡椒粉调味。
5. 最后下汆好的黑鱼片翻匀即可。

北京林业大学

一品萝卜丸

制作人：陈永潘

- 主　料：猪肉馅、鸡肉馅。
- 辅　料：白萝卜、油菜心、淡奶、枸杞子。
- 调味料：葱段、姜片、香油、盐、味精、白胡椒粉。

成品口味：咸鲜。

制作过程

1. 葱段、姜片加水浸泡成葱姜水；猪肉馅、鸡肉馅加葱姜水搅打上劲。
2. 白萝卜切细丝，与油菜心分别焯水过凉。
3. 白萝卜丝切成2厘米长的段，与打好的肉馅混合均匀。
4. 热水、葱段、姜片、淡奶、香油、枸杞子、盐、味精、白胡椒粉调成味汁。
5. 将肉馅制成丸子，放到味汁中蒸熟，放入油菜心，点缀枸杞子。

茄虾之恋

成品口味：甜辣

制作人：李文苈

主　料：大虾、紫皮长茄子。

辅　料：红椒丝、熟白芝麻、香菜段。

调味料：大葱、姜片、料酒、盐、淀粉、泡打粉、脆炸粉、干辣椒段、蒜片、白糖、白醋、蒸鱼豉油、麻椒、海鲜酱、蚝油、油。

制作过程

1. 大虾开背、去虾线；紫皮长茄子去皮切条；大葱部分切段，部分切丝。
2. 大虾中加入大葱段、姜片、料酒腌渍；紫皮长茄子条用盐水浸泡。
3. 泡打粉、脆炸粉、淀粉加水调制成糊，将大虾裹上糊炸好捞出；紫皮长茄子条拍上淀粉，入五成热油中炸熟捞出，待油温升高后复炸捞出。
4. 锅留底油，放入干辣椒段和蒜片爆香，放入白糖、白醋、蒸鱼豉油、麻椒、海鲜酱、蚝油调成汁。
5. 将汁熬至浓稠后，加入炸好的大虾和茄条，撒上熟白芝麻翻炒均匀出锅，用大葱丝、红椒丝、香菜段点缀。

手打鱼丸

制作人：刘鹏举

主　料： 巴沙鱼（去皮）。
辅　料： 鸡蛋、油菜心、枸杞子、白鲢鱼头。
调味料： 盐、白胡椒粉、淀粉、料酒。

成品口味：咸鲜。

制作过程

1. 巴沙鱼剁成泥。
2. 巴沙鱼泥中加入盐、白胡椒粉、料酒、鸡蛋液和淀粉上浆。
3. 白鲢鱼头熬制成鱼汤，油菜心焯水。
4. 巴沙鱼泥挤成圆球形，下鱼汤中煮熟，加盐，装碗，放入油菜心，点缀枸杞子。

青椒鸡

制作人：唐洪龙

主　料： 鸡腿。

辅　料： 线椒圈、美人椒圈、葱丝、红椒丝、香菜段、洋兰、法香。

调味料： 花椒、八角、蚝油、盐、味精、白胡椒粉、老抽、油、葱段、姜片、蒜片、辣鲜露、藤椒油、鸡精、白糖。

成品口味： 麻辣。

制作过程

1. 鸡腿切块，加入花椒、八角、蚝油、盐、味精、白胡椒粉、老抽腌渍去腥。
2. 鸡腿块入六成热油中炸至金黄捞出。
3. 锅留底油，下花椒、姜片、蒜片爆香，放入线椒圈、美人椒圈炒至断生。
4. 放入辣鲜露、藤椒油、鸡精、白糖，倒入鸡腿块、香菜段翻炒均匀，装盘，点缀葱丝、红椒丝、洋兰、法香。

黄金虾球

制作人：王佳佳

成品口味：咸鲜。

- **主　料：** 大虾。
- **辅　料：** 土豆、鸡蛋、黄面包糠。
- **调味料：** 盐、白胡椒粉、淀粉、油。

制作过程

1. 大虾去壳（留尾壳）、去虾线，土豆切片。
2. 大虾用盐、白胡椒粉、淀粉腌渍。
3. 土豆片蒸熟后捣成泥，包入大虾，裹上鸡蛋液，滚上黄面包糠，露出虾尾。
4. 入六成热油温中炸至金黄酥脆即可。

酱香饼

成品口味：咸鲜。

制作人：陈士欣

- **主　料：** 高筋面粉。
- **辅　料：** 葱花、熟白芝麻。
- **调味料：** 油、白糖、盐、酱香饼酱。

制作过程

1. 高筋面粉加温水、盐、白糖和好，醒发20分钟。
2. 案板抹油，将面团擀成长方形薄片。
3. 电饼铛预热，用擀面杖挑起面片放入电饼铛，均匀打出褶子。
4. 烙至两面金黄，刷上酱香饼酱，撒上葱花、熟白芝麻即可。

牛肉馅饼

成品口味：咸鲜。

制作人：蒲晓娟

- **主　料**：面粉、牛肉馅。
- **辅　料**：鸡蛋。
- **调味料**：葱姜水、生抽、老抽、蚝油、味精、鸡精、十三香、白胡椒粉、盐、香油、油。

制作过程

1. 牛肉馅加入葱姜水顺着一个方向搅拌上劲，放入生抽、老抽、蚝油、味精、鸡精、十三香、白胡椒粉、盐、香油、鸡蛋液、油拌匀。
2. 面粉加水和成面团，醒发半小时。
3. 面团下剂子、擀皮，包入牛肉馅成饼坯。
4. 电饼铛提前预热，放入饼坯烙至两面金黄，装盘。

燃面

成品口味：麻辣咸香。

制作人：范凯

- **主　料**：面条、猪肉馅。
- **辅　料**：宜宾芽菜、小米辣圈、花生碎、香菜段。
- **调味料**：葱段、姜片、香葱花、老抽、生抽、味精、鸡精、盐、油、剁椒、白糖、花椒粉、细辣椒面。

制作过程

1. 将猪肉馅下锅中加入葱段、姜片、小米辣圈、老抽、生抽、味精、鸡精、盐、油、剁椒、细辣椒面煸香。
2. 宜宾芽菜炒熟。
3. 水烧沸，下面条煮熟捞出。
4. 面条上加入炒好的猪肉馅、宜宾芽菜、白糖、花椒粉、花生碎、香葱花拌匀，点缀香菜段。

酥皮泡芙

制作人：王秋

成品口味：咸甜．

主 料：低筋面粉。

辅 料：黄油、盐、鸡蛋、安佳淡奶油、白糖、糖水樱桃、葡萄、蓝莓、香草。

制作过程

1. 低筋面粉、黄油、鸡蛋液混合擦制成圆柱形酥皮，入冰箱冷藏。
2. 低筋面粉、黄油、水、盐、白糖隔水加热，不停搅拌至锅底有网状膜产生即成泡芙糊。
3. 泡芙糊倒入打蛋桶中搅拌散热至40℃左右，分次加入鸡蛋液，直至蛋液完全融入泡芙糊中。
4. 泡芙糊倒入裱花袋，一个个挤在烤盘上，将冷藏好的酥皮取出切片放在泡芙糊上，入烤箱烤熟。
5. 安佳淡奶油打至湿性发泡，装入裱花袋，挤入烤好的泡芙中，点缀糖水樱桃、葡萄、蓝莓和香草即可。

水煮牛肉

成品口味：麻辣鲜香。

制作人：辛六增

主　料：牛里脊肉。

辅　料：小葱花、黄豆芽、青蒜、青笋、鸡蛋、熟白芝麻、高汤。

调味料：蒜、豆瓣酱、姜、蒜、盐、水淀粉、油、熟猪油、干辣椒段、料酒、鸡精、白糖、胡椒面、干辣椒面、花椒粉、麻椒。

制作过程

1. 牛里脊肉、青笋切片；青蒜斜刀切段；豆瓣酱剁细；姜、蒜切成米粒状。
2. 牛里脊肉片加盐、蛋清、水淀粉抓拌均匀。
3. 锅中倒入适量油烧至六成热，再下熟猪油、豆瓣酱、姜米、蒜米炒香，下干辣椒段炒香后倒入高汤、料酒，放入盐、鸡精、白糖、胡椒面烧沸，下青笋片、黄豆芽、青蒜段煮至断生，捞出装入深盘中垫底。
4. 牛里脊肉片逐片放入锅里，开小火，用筷子轻轻拨动，让牛里脊肉片散开。
5. 开锅后把牛里脊肉片煮熟装入深盘，撒上干辣椒面、花椒粉、麻椒，淋上热油，放上熟白芝麻、小葱花即可。

富贵虾球

制作人：孟勇

成品口味：酸甜。

- 主　料：对虾。
- 辅　料：熟白芝麻。
- 调味料：盐、白胡椒粉、料酒、白糖、白醋、生抽、淀粉、油、番茄酱。

制作过程

1. 对虾去壳，开背去虾线，洗净。
2. 虾仁放盐、白胡椒粉、料酒腌渍10分钟。
3. 盐、白糖、白胡椒粉、白醋、生抽、水、淀粉调成料汁。
4. 虾仁沥干，裹上淀粉，下六成热的油中炸至金黄捞出。
5. 锅留底油，下番茄酱和料汁，等汤汁熬至浓稠时，放入炸好的虾仁翻炒均匀，撒上熟白芝麻即可。

花开富贵虾

制作人：李飞

成品口味：咸鲜。

- 主 料：鲜虾。
- 辅 料：秋葵、鸡蛋。
- 调味料：盐、味精、料酒、蒜蓉辣酱、蒸鱼豉油、小米辣圈、小葱花、油。

制作过程

1. 鲜虾去头、壳（留尾壳）和虾线，虾仁拍扁，加入少许盐、味精、料酒拌匀；秋葵切段。
2. 虾仁和秋葵段码入盘中，淋上鸡蛋液，虾仁上面放上蒜蓉辣酱、小米辣圈。
3. 上锅蒸15分钟。
4. 浇上蒸鱼豉油，撒上小葱花，浇上热油即可。

绿豆糕

制作人：王恒

成品口味：香甜。

🍴 **主 料：** 去皮绿豆。

✋ **辅 料：** 黄油、白砂糖、抹茶粉、牛奶、奶粉、玫瑰花瓣。

🔪 **制作过程**

1. 去皮绿豆用凉水泡6小时。
2. 去皮绿豆上锅蒸40分钟。
3. 蒸好的去皮绿豆加入牛奶，用料理机打成绿豆沙。
4. 不粘锅加入黄油加热，依次放入绿豆沙、奶粉、白砂糖炒至黏稠。
5. 炒好后冷却，一半加入抹茶粉，用模具做成绿豆糕，装盘，点缀玫瑰花瓣。

百合酿虾滑

成品口味：咸鲜。

制作人：王设

- 主　料：虾滑。
- 辅　料：胡萝卜、鸡蛋、高汤、鲜百合、葱花。
- 调味料：盐、鸡粉、淀粉、料酒。

制作过程

1. 胡萝卜洗净切末，拌入虾滑中，加入盐、鸡粉、蛋清、淀粉、料酒搅拌上劲，做成窝头状。
2. 鲜百合洗净，插在虾滑上，做成莲花状。
3. 虾滑放入蒸箱蒸8分钟，装盘，淋上高汤，撒葱花、胡萝卜末装饰。

一品蛋黄酥

制作人：李壮

主　料： 面粉450克。
辅　料： 咸鸭蛋黄、红豆馅、熟猪油135克、白糖40克、鸡蛋、黑芝麻。

制作过程

1. 300克面粉、60克熟猪油、白糖加入温水搅拌成水油面团，醒发。
2. 150克面粉、75克熟猪油擦成油酥。
3. 咸鸭蛋黄对半切开；红豆馅分成小份，每份包裹半个咸鸭蛋黄并揉成球，即成馅心。
4. 水油面团分成每个20克的剂子，油酥分成每个10克的剂子，水油面剂子包裹油酥，开酥。
5. 将剂子压扁擀圆，包入馅心，刷蛋黄液，撒黑芝麻，入烤箱以上火180℃、下火160℃烤25分钟即可。

成品口味：咸甜。

爆炒五花肉

成品口味：咸鲜微辣。

制作人：王治广

- **主　料：** 五花肉。
- **辅　料：** 青蒜、美人椒、杭椒、小米辣。
- **调味料：** 油、葱段、姜片、蒜片、料酒、生抽、蚝油。

制作过程

1. 五花肉洗净；小米辣切圈；青蒜、美人椒、杭椒切斜段。
2. 五花肉放入水锅，加入适量葱段、姜片、料酒煮熟后，捞出切片。
3. 锅中倒入少量油烧热后，将五花肉片下锅中煸炒，加入生抽、蚝油调味，炒匀后盛出。
4. 锅内加入少许油，依次放入小米辣圈、蒜片、姜片煸香，随后加入青蒜段煸炒，放入五花肉片、美人椒段、杭椒段继续煸炒。
5. 放入少许蚝油、生抽调味，出锅即可。

内蒙古

内蒙古民族大学

熘肉段

成品口味：咸鲜。

制作人：刘金龙

主　料： 猪里脊肉。

辅　料： 青椒、胡萝卜、洋葱。

调味料： 生抽、老抽、蚝油、白糖、番茄酱、鸡精、油、葱段、姜片、蒜片、水淀粉。

制作过程

1. 猪里脊肉切段，青椒、胡萝卜、洋葱切片。
2. 生抽、老抽、蚝油、白糖、番茄酱、鸡精和适量水调成料汁。
3. 油烧至五成热，放入猪里脊肉段，炸至金黄捞出。
4. 锅留底油，放入葱段、姜片、蒜片爆香，再放入青椒片、胡萝卜片、洋葱片炒香，最后放入猪里脊肉段，加入料汁翻炒均匀。
5. 淋入水淀粉，大火收汁即可。

家常饼

成品口味：咸香。

制作人：红美

- **主　料：** 面粉。
- **辅　料：** 油、盐。

制作过程

1. 面粉中加入适量盐后，先加入一半热水，再加入一半凉水，揉成表面光滑的面团。
2. 将揉好的面团分成5份，静置5分钟。
3. 将面团擀成圆片，在表面涂抹适量油后卷起，压扁成饼坯，静置10分钟。
4. 电饼铛中加油烧热，放入饼坯，表面刷油烙至两面金黄即可。

辽宁省 | 东北大学

孜然羊肉

制作人：陈志亮

成品口味：咸鲜。

- **主　料**：羊肉。
- **辅　料**：洋葱、红椒、青椒、香菜、鸡蛋、熟白芝麻。
- **调味料**：蒜、盐、白胡椒粉、料酒、淀粉、油、孜然、辣椒面、味精、老抽、白糖。

制作过程

1. 羊肉、洋葱、红椒、青椒切片；香菜切段；蒜切蓉。
2. 羊肉片加盐、白胡椒粉、料酒、鸡蛋液、淀粉腌渍。
3. 锅里倒入适量油，烧至六成热，下羊肉片滑熟，捞出沥油。
4. 锅留底油，加入洋葱片、蒜蓉、红椒片、青椒片、孜然、辣椒面煸炒后放入羊肉片，放入适量盐、味精、老抽、白糖翻炒均匀，出锅前撒上香菜段和熟白芝麻即可。

酸辣里脊

制作人：王忠峰

成品口味：酸辣。

主　料：猪里脊肉。

辅　料：西芹、杭椒、洋葱、胡萝卜、黄金瓜、小米辣、香菜段、小油菜。

调味料：盐、味精、料酒、淀粉、白醋、酸辣汁、辣椒酱。

制作过程

1. 猪里脊肉切片；西芹切段；杭椒、洋葱切片；胡萝卜、黄金瓜切块；小米辣部分切末，其余切圈。小油菜焯水后装盘，作为垫菜。
2. 猪里脊肉片加入盐、味精、料酒、淀粉腌渍。
3. 锅中加水，放入西芹段、杭椒片、洋葱片、小米辣末、白醋、酸辣汁、辣椒酱熬制成酸辣汤。
4. 锅里倒入一半酸辣汤，煮沸后下腌好的猪里脊肉片，汆熟后捞出装盘。
5. 胡萝卜块和黄金瓜块蒸熟捣碎，放入另一半酸辣汤中调制成汁，均匀浇在猪里脊肉片上，点缀小米辣圈、香菜段。

荷香干菜狮子头

成品口味：咸香微甜。

制作人：鲍朋

- **主　料：** 夹心肉糜、肥膘泥。
- **辅　料：** 梅干菜、马蹄碎、干荷叶、法香、玫瑰花瓣。
- **调味料：** 盐、味精、油、老抽、生抽、白糖、水淀粉。

制作过程

1. 夹心肉糜、肥膘泥、梅干菜、马蹄碎加盐、味精搅拌上劲。
2. 搅拌好的肉糜做成肉丸，下油锅炸至定型。
3. 用干荷叶把炸好的肉丸包起来扎好成狮子头生坯。
4. 锅内加入适量水、老抽、生抽、白糖，将狮子头生坯放入烧熟，用水淀粉勾芡，装盘，点缀法香、玫瑰花瓣。

翡翠虾球

制作人：潘春军

成品口味：咸鲜、芥末辣。

- **主　料**：虾仁。
- **辅　料**：薯片、鸡蛋、玫瑰花瓣、法香、玫瑰花。
- **调味料**：盐、味精、淀粉、油、芥末风味酱。

制作过程

1. 虾仁改刀，加入盐、味精、蛋清、淀粉上浆。
2. 油烧至五成热，下虾仁炸至定型捞出。
3. 虾仁均匀裹上芥末风味酱，放在薯片上，装盘，点缀玫瑰花瓣、法香、玫瑰花。

鸳鸯水晶饺

制作人：陆燕

主　料： 淀粉、澄面、鸡胸肉。

辅　料： 虾米、红苋菜、花生碎、法香、红色圣女果、黄色圣女果。

调味料： 油、盐、味精、水淀粉。

成品口味：咸鲜。

制作过程

1. 鸡胸肉切丁，用盐、味精、淀粉上浆。锅中倒油烧热，下鸡胸肉丁与虾米一起翻炒，放入适量盐、味精调味，用水淀粉勾芡，盛出冷却，放入花生碎拌匀成馅。

2. 淀粉和澄面混合均匀，用开水烫熟，制成白色烫面；另取淀粉、澄面和红苋菜汁制成红色烫面。

3. 两种不同颜色的烫面合成一块面皮，下剂子，擀皮，放入馅包成饺子。

4. 上锅蒸5分钟，装盘，点缀法香、红色圣女果和黄色圣女果。

月牙蒸饺

制作人：盛勤枫

成品口味：咸鲜。

- **主　料：** 面粉、猪肉馅。
- **辅　料：** 法香、红色圣女果、黄色圣女果。
- **调味料：** 葱姜水、盐、味精、白糖。

制作过程

1. 面粉与适量水和匀，揉成软硬适中的面团，醒发。
2. 猪肉馅加入适量盐、味精、白糖、葱姜水拌匀成馅。
3. 面团搓条、下剂、擀皮后包入馅制成月牙饺。
4. 蒸制10分钟，装盘，点缀法香、红色圣女果、黄色圣女果。

金丝肉松黄鱼卷

成品口味：咸鲜。

制作人：许小牛、张茂国

主　料： 黄鱼。

辅　料： 面包丝、肉松、法香、圣女果。

调味料： 葱姜水、盐、味精、油、沙拉酱。

制作过程

1. 黄鱼去内脏洗净后去骨切鱼条，加葱姜水、盐、味精腌渍。
2. 黄鱼条用面包丝卷起。
3. 油烧至三成热，放入黄鱼条用小火炸至金黄，捞出摆盘，点缀法香、圣女果。
4. 撒上肉松，挤上沙拉酱即可。

上大红烧肉

制作人：何满义

- **主　料**：五花肉。
- **辅　料**：油菜心。
- **调味料**：油、冰糖、姜片、八角、桂皮、干辣椒、香葱段、老抽、料酒、盐。

制作过程

1. 五花肉切大块，入水锅中煮沸，去除浮沫捞出；油菜心焯水捞出。
2. 锅中放油，下五花肉块煸炒至金黄，捞出沥油。
3. 锅留底油，开小火，下冰糖慢炒至呈焦黄色，倒入五花肉块快速翻炒，使之均匀地裹上糖色，加沸水大火烧沸。
4. 放入姜片、八角、桂皮、干辣椒、香葱段、老抽、料酒、盐，加盖，改小火慢烧，当汤汁将干时大火收汁，装盘，放上油菜心。

成品口味：咸甜。

上海大学

上大"缘圆"狮子头

成品口味：咸甜。

制作人：杨帅

- **主　料：** 夹心肉。
- **辅　料：** 马蹄末、猪大骨、油菜心、鸡蛋。
- **调味料：** 白胡椒粉、盐、味精、料酒、鸡精、白糖、老抽、生抽、淀粉、油、白芷、八角、香叶、葱段、姜片、水淀粉。

制作过程

1. 夹心肉剁成肉馅，加入马蹄末、白胡椒粉、盐、味精、料酒、鸡蛋液拌匀上劲；油菜心焯水捞出。
2. 肉馅在手中搓成肉圆。
3. 油烧至七成热，放入肉圆炸至金黄。
4. 肉圆捞出放入蒸盘，加入用猪大骨熬制的高汤、盐、鸡精、白糖、老抽、生抽、白芷、八角、香叶、葱段、姜片蒸50分钟，捞出肉圆装盘。
5. 肉圆汤倒入锅中，用水淀粉勾芡，浇在肉圆上，淋油，放上油菜心。

黄桃排骨

成品口味：酸甜。

出品人：

- 主　料：猪小排。
- 辅　料：黄桃罐头。
- 调味料：油、冰糖、葱段、姜片、生抽、老抽、香醋、南乳汁、料酒、八角、香叶、盐。

制作过程

1. 猪小排切成小段，冷水下锅，焯水后捞出洗净。黄桃切成小块，罐头糖水留用。
2. 锅中倒入适量油，烧热后放入适量冰糖炒化，倒入猪小排炒匀，挂上糖色。
3. 放入葱段、姜片继续翻炒，倒入生抽、老抽、香醋、南乳汁、料酒，炒至上色。
4. 加入适量热水和罐头糖水，放入八角、香叶，大火煮开后转中小火慢炖1小时。
5. 根据口味调入适量盐，大火收汁，放入黄桃块，翻炒均匀出锅。

江苏省 宿迁学院

浙江省

杭州科技职业技术学院（高桥校区）

红烧肉

制作人：盛刚明

成品口味：咸甜。

主 料：五花肉。
辅 料：小葱花。
调味料：油、白糖、葱段、姜片、生抽、老抽、料酒、味精。

制作过程

1. 五花肉洗净，切成小方块，焯水。
2. 锅中倒入少许油，加入白糖熬制糖色。
3. 另取锅，放入少许油，加入葱段、姜片煸炒出香味，然后放入五花肉块煸炒至出油，加入生抽、老抽、料酒、味精翻炒均匀。
4. 加入适量清水、糖色大火烧开后，转小火慢炖40分钟。
5. 装盘，点缀小葱花。

衢州扛酱

制作人：祝子龙

- **主　料**：鳝鱼。
- **辅　料**：泰椒、香干、青椒、橘皮、橙子片。
- **调味料**：葱段、姜片、蒜片、黄豆酱、油、水淀粉。

制作过程

1. 鳝鱼治净去骨后剁成段。
2. 泰椒、香干、青椒、橘皮切末。
3. 锅中倒入少许油加热，下葱段、姜片、蒜片、黄豆酱爆香。
4. 放入鳝鱼段旺火爆炒，陆续放入泰椒末、香干末、青椒末和橘皮末翻炒。
5. 用水淀粉勾芡，装盘，点缀橙子片。

成品口味：鲜辣。

衢州粤衢餐饮有限公司

安徽省 | 合肥市天鲜配餐饮有限责任公司

香滑仔鸡

制作人：陆忠华

成品口味：咸鲜。

主　料： 仔鸡。

辅　料： 青椒、红椒、洋葱、西葫芦片、胡萝卜片。

调味料： 盐、味精、料酒、生抽、大葱片、姜片、蒜片、油、花椒、八角、桂皮、醋、鱼露、蚝油、鸡精、蜂蜜、白糖。

制作过程

1. 仔鸡切块，加盐、味精、料酒、生抽腌渍入味；西葫芦片、胡萝卜片焯水捞出。
2. 青椒、红椒、洋葱切片。
3. 油烧至四成热，放入仔鸡块滑油至断生。
4. 锅留底油，下大葱片、姜片、蒜片、花椒、八角、桂皮炒香，下青椒片、红椒片、洋葱片翻炒，放入仔鸡块和少许醋、鱼露、蚝油、鸡精、蜂蜜、白糖翻炒均匀装盘，点缀西葫芦片、胡萝卜片即可。

香辣鸡公煲

制作人：张胥莉

成品口味：香辣。

主 料：鸡。

辅 料：青椒、红椒、小米辣、洋葱。

调味料：油、生抽、盐、醋、料酒、味精、鱼露、蚝油、鸡精、冰糖、花椒、姜片、葱段、蒜片、八角、桂皮、香叶、黄豆酱。

制作过程

1. 鸡切块，冷水下锅，放入葱段、姜片和料酒焯水；青椒、红椒、洋葱切片；小米辣切圈。

2. 油烧热，下葱段、姜片、蒜片、小米辣圈、洋葱片爆香，加入花椒和黄豆酱炒匀。

3. 放入鸡块，下生抽、盐、醋、料酒、味精、鱼露、蚝油、鸡精、冰糖、八角、桂皮、香叶翻炒出香味。

4. 加入水没过鸡块，大火烧沸后转小火慢炖35分钟，出锅前放入青椒片和红椒片，大火收汁即可。

寿县大救驾

制作人： 黄彤彤

主　料： 面粉。

辅　料： 熟猪油、糖桂花、白糖、冰糖、油、蜜饯金橘、核桃仁、青梅、青红丝、红椒片、黄瓜片、胡萝卜片。

制作过程

1. 面粉加熟猪油和成油酥；另取面粉用温水和成软硬适中的面团。
2. 糖桂花、白糖、冰糖、蜜饯金橘、核桃仁、青梅、青红丝和在一起拌匀成馅。
3. 面团和油酥分别下剂，油酥剂子揉成圆球，面剂按成圆片后包入油酥球，用擀面杖擀成椭圆形薄片，卷起呈圆筒形。
4. 再按扁后用擀面杖擀成扁长条，将扁长条横卷起，从中一切两段，把断面向上放在案板上，按平擀成两个圆片，包入馅封口成生坯。
5. 生坯放入四成热的油中用小火炸透，装盘，中间放上红椒片，用黄瓜片、胡萝卜片点缀。

成品口味：香甜。

合肥市天鲜配餐饮有限责任公司

水煮鱼

成品口味：麻辣鲜香。

制作人：邵羚洪

- **主　料**：草鱼。
- **辅　料**：黄瓜、黄豆芽、香菜段、鸡蛋。
- **调味料**：葱末、姜末、油、盐、味精、淀粉、鸡精、白胡椒粉、干泡椒、花椒、辣椒油、花椒油。

制作过程

1. 草鱼宰杀，去内脏和鱼鳞洗净，取鱼肉切成片；鱼骨、鱼头切成小块。黄瓜切条。
2. 草鱼片加盐、味精、淀粉、蛋清上浆。
3. 油烧热，放入葱末、姜末和鱼骨、鱼头块炒香，随后加入适量水、盐、味精、鸡精、白胡椒粉，大火炖3分钟，放入黄瓜条、黄豆芽烫熟。
4. 捞出鱼骨、黄瓜条、黄豆芽盛盘，锅中放入草鱼片大火煮熟，装盘。
5. 干泡椒、花椒放在草鱼片上面，加入少许花椒油、辣椒油，淋上热油，点缀香菜段。

福建省 华侨大学

麻婆豆腐

成品口味：麻辣。

制作人：朱刚

- 主　料：嫩豆腐。
- 辅　料：猪肉末。
- 调味料：盐、姜末、蒜蓉、油、豆瓣酱、辣椒面、生抽、料酒、水淀粉、花椒粉、葱花。

制作过程

1. 嫩豆腐切小块，用加盐的沸水焯水。
2. 锅中加油，放入猪肉末炒至变色，加入姜末、蒜蓉炒香，再加入豆瓣酱和辣椒面炒出红油。
3. 嫩豆腐块放入锅中，加入适量水、盐、生抽、料酒，大火烧沸后转小火慢炖，用水淀粉勾芡。
4. 装盘，撒上花椒粉、葱花即可。

糖醋咕咾鸡球

制作人：于涛

- **主　料：** 鸡腿肉。
- **辅　料：** 菠萝块、鸡蛋、青椒片、红椒片、黄瓜片、法香、胡萝卜片。
- **调味料：** 葱段、盐、鸡精、姜汁酒、淀粉、油、蒜蓉、糖醋汁、香油。

制作过程

1. 鸡腿肉切成方块，加入盐、鸡精、姜汁酒、淀粉拌匀，腌渍约30分钟。
2. 在鸡腿肉块中打入鸡蛋液拌匀，拍上淀粉后静置1分钟，再捏成球状。
3. 油烧至180℃，放入鸡球炸至金黄酥脆，捞出沥油。
4. 锅留底油，放入蒜蓉、青椒片、红椒片、盐炒香，加入糖醋汁煮沸，淀粉加水调成水淀粉，下入锅中勾芡，加入菠萝块、炸好的鸡球、葱段炒匀，淋上香油，装盘，点缀黄瓜片、法香、胡萝卜片。

成品口味：酸甜。

吉列鱼柳

成品口味：咸鲜。

制作人：张建

- **主　料：** 无骨鱼肉。
- **辅　料：** 法香、圣女果、鸡蛋、面包糠。
- **调味料：** 盐、白胡椒粉、料酒、味精、淀粉、油。

制作过程

1. 无骨鱼肉洗净切片。
2. 无骨鱼片冲洗后沥干，加入盐、白胡椒粉、料酒、味精搅拌均匀，加入淀粉搅匀，再倒入蛋黄液搅匀。
3. 油烧至180℃，鱼片均匀粘上面包糠，放入油锅炸至金黄捞出。
4. 装盘，点缀法香、圣女果。

凯里酸汤牛肉

成品口味：咸鲜微酸。

制作人：李山

- **主　料：** 鲜牛肉。
- **辅　料：** 金针菇、娃娃菜、番茄、嫩豆腐、法香、葱花。
- **调味料：** 盐、味精、淀粉、油、蒜蓉、红酸汤。

制作过程

1. 鲜牛肉切片，用盐、味精、淀粉腌渍；番茄切丁；嫩豆腐切片。
2. 油烧热，放入蒜蓉和番茄丁炒香，加入红酸汤、盐、味精调味后熬制成汤底。
3. 加入嫩豆腐片、金针菇、娃娃菜。
4. 再放入腌渍好的牛肉片煮熟，装盘，点缀葱花和法香。

玉米虾仁炒滑蛋

制作人： 罗道辉

成品口味：咸鲜。

主　料： 虾仁。

辅　料： 胡萝卜粒、玉米粒、豌豆、鸡蛋、法香。

调味料： 料酒、盐、油、姜粒、小葱末、白胡椒粉、蚝油、水淀粉。

制作过程

1. 虾仁开背去虾线，洗净后用料酒、盐腌渍10分钟。
2. 水烧沸，加油、盐调味，加入玉米粒、豌豆、胡萝卜粒焯水，捞出沥水。
3. 鸡蛋打入碗中，加少量盐调味打散。
4. 油烧热，下鸡蛋液小火滑至七成熟，盛出。
5. 另起锅加油烧热，下姜粒、小葱末爆香，下虾仁炒至微微变色，加入玉米粒、豌豆、胡萝卜粒，放白胡椒粉、盐、蚝油翻炒均匀，倒入鸡蛋，加少许水淀粉勾芡，淋少许油，装盘，点缀法香。

孜然酥肉

制作人： 陈开青

- **主　料：** 鸡胸肉。
- **辅　料：** 青椒、红椒、鸡蛋、白芝麻、法香、玫瑰花。
- **调味料：** 姜片、葱段、料酒、蚝油、生抽、孜然粉、盐、鸡精、淀粉、油、辣椒面。

制作过程

1. 鸡胸肉切丁，放入姜片、葱段、料酒、蚝油、生抽、孜然粉、蛋黄液、盐、鸡精、淀粉腌渍15分钟。
2. 青椒、红椒切丁，焯水。
3. 油烧至六成热，倒入鸡胸肉丁，炸至金黄盛出。
4. 锅留底油，放入辣椒面、孜然粉、白芝麻爆香，放入鸡胸肉丁、青椒丁、红椒丁、盐、鸡精，翻炒均匀，装盘，点缀法香、玫瑰花。

成品口味：咸鲜。

广东技术师范大学

水果咕咾肉

制作人：曾创佳

成品口味：酸甜。

- 主 料：五花肉。
- 辅 料：鸡蛋、菠萝、蓝莓、红椒片。
- 调味料：盐、油、白糖、番茄沙司、白醋、淀粉。

制作过程

1. 五花肉切片，加入盐和鸡蛋液上浆入底味；菠萝切块；蓝莓洗净。
2. 锅中倒入少许油烧热，放入番茄沙司、白糖、白醋调成酸甜汁。
3. 五花肉片卷好，裹满淀粉，入热油中炸至定型，捞出沥油。
4. 锅留底油，放入酸甜汁烧热，陆续加入红椒片、菠萝块、蓝莓炒匀。
5. 加入五花肉片炒匀上色，淋油，装盘，用菠萝皮围边即可。

香煎金鲳鱼

制作人：黄炳钊

成品口味：咸鲜。

主　料： 金鲳鱼。

辅　料： 青椒、红椒。

调味料： 盐、生抽、花生油、料酒、姜片。

制作过程

1. 金鲳鱼去除内脏治净，青椒、红椒切粒，少许红椒切条。
2. 金鲳鱼剞上花刀，加入盐、生抽、料酒、姜片腌渍30分钟。
3. 花生油烧热，放入金鲳鱼煎至两面金黄。
4. 装盘后，将青椒粒和红椒粒、红椒条撒在鱼面上。

蒜香排骨

成品口味：咸鲜。

制作人：孔庆耀

主　料：排骨。

辅　料：鸡蛋、青椒末、红椒末、青椒条、红椒条。

调味料：蒜蓉、葱末、盐、天妇罗粉、白糖、鸡精、油。

制作过程

1. 排骨剁成段，用盐水泡20分钟泡出血水后，冲净沥干。
2. 排骨段用蒜蓉、葱末、白糖、盐、鸡精腌渍30分钟。
3. 排骨段去掉蒜蓉、葱末，加入鸡蛋液、天妇罗粉搅拌均匀。
4. 油烧至七成热，放入排骨段炸至金黄，捞出沥油。
5. 锅留底油，放入排骨、青椒末、红椒末炒匀，装盘，点缀青椒条、红椒条。

金银蒜粉丝蒸胜瓜

成品口味：咸鲜。

制作人：李卫港

- **主　料：** 丝瓜、粉丝。
- **辅　料：** 红椒。
- **调味料：** 蒜蓉、油、盐、蚝油、生抽、小葱花。

制作过程

1. 丝瓜去皮，切斜段，红椒切粒。
2. 粉丝用冷水泡软，适当剪短。
3. 取一半蒜蓉用低温油炒至金黄，放入盐、蚝油、生抽调味；将红椒粒、生蒜蓉、炒好的蒜蓉混合均匀。
4. 粉丝加一半红椒蒜蓉拌匀，铺在盘底，放上丝瓜段、剩下的红椒蒜蓉。
5. 入蒸锅，大火蒸5分钟，出锅撒上小葱花，淋热油即可。

橙香虾球

制作人：赵伟嘉

成品口味：酸甜。

- **主　料**：大虾。
- **辅　料**：鲜橙汁、橙子片、红椒片。
- **调味料**：盐、白糖、葱段、姜片、料酒、淀粉、油。

制作过程

1. 大虾去头、去壳、去虾线。
2. 虾仁用盐、白糖、葱段、姜片、料酒腌渍10分钟，裹满淀粉。
3. 油烧至六成热，将虾仁下锅炸至定型，捞出沥油。
4. 锅内下鲜橙汁煮开，淀粉加水调成水淀粉，下入锅中勾芡，放虾仁。
5. 炒拌均匀后淋油，装盘，点缀橙子片、红椒片。

核桃包

制作人：陶顺

主　料： 核桃仁、低筋面粉。
辅　料： 澄粉、可可粉、泡打粉、炼乳、玉米淀粉、红糖、酵母、黄油、白巧克力。

制作过程

1. 核桃仁入烤箱以150℃烤10分钟，晾凉后打碎。
2. 水、红糖、炼乳、酵母调制成酵母水。
3. 低筋面粉、澄粉、可可粉、泡打粉分别过筛到碗中，再加入酵母水揉成面团，醒面。
4. 水、炼乳、玉米淀粉、黄油、白巧克力、核桃仁碎调成馅料。
5. 面团下剂、擀皮、包馅、醒发，上蒸笼蒸熟，装盘。

成品口味：香甜。

煎饺

制作人：水修波

成品口味：咸鲜。

- 主　料：饺子皮、猪前腿肉。
- 辅　料：马蹄末、香菜段。
- 调味料：葱姜水、盐、鸡精、生抽、香油、白胡椒粉、油。

制作过程

1. 猪前腿肉剁碎。
2. 肉碎加盐、鸡精、生抽、白胡椒粉、马蹄末、香油、葱姜水搅拌均匀成馅。
3. 饺子皮包入馅，蒸或煮熟后放凉。
4. 锅中加少许油，放入饺子煎至两面金黄，装盘，点缀香菜段。

三乡豆捞

制作人：石明利

主 料：糯米粉。

辅 料：白糖、花生、玫瑰花。

成品口味：香甜。

制作过程

1. 水煮开，加入白糖煮成糖水，晾成温糖水。
2. 温糖水分次加入糯米粉中，揉成团，静置20分钟，分成小团。
3. 花生炒香，打成粉，加入白糖拌匀。
4. 水煮开，放入小糯米团煮至浮起。
5. 捞出，放入花生糖粉中裹匀，装盘，点缀玫瑰花。

云吞面

成品口味：咸鲜。

制作人：韩龙

- 主　料：云吞皮、高筋面粉300克。
- 辅　料：鸡蛋200克、大地鱼80克、瘦肉355克、猪筒骨250克、虾米100克、虾籽25克、肥肉45克、虾仁150克、香菜段。
- 调味料：葱段、姜片、蒜泥10克、蚝油半勺、花雕半勺、香油半勺、鸡精1克、淀粉半勺、碱水10克、大地鱼粉半勺、盐5克、生抽半勺、姜汁10克。

制作过程

1. 大地鱼、250克瘦肉、猪筒骨、虾米、20克虾籽、姜片、葱段加水熬成汤底。
2. 105克瘦肉剁碎，肥肉、虾仁剁碎，加姜汁、蒜泥、生抽、蚝油、花雕、香油、鸡精、淀粉、1个蛋黄、盐、大地鱼粉、5克虾籽制成馅。
3. 高筋面粉300克、鸡蛋150克、盐3克、碱水10克和成面团，压成面片，切成面条。
4. 用云吞皮包馅成云吞生坯。
5. 云吞生坯入沸水锅中煮熟，捞入汤底中，再下面条煮熟，也捞入汤底中，点缀香菜段。

广式叉烧

制作人：陈家兴

- **主　料：** 去皮五花肉。
- **辅　料：** 法香、圣女果。
- **调味料：** 五香粉、柱侯酱、海鲜酱、蚝油、南乳、白糖、生抽。

制作过程

1. 去皮五花肉用五香粉、柱侯酱、海鲜酱、蚝油腌渍。
2. 腌好的五花肉加入适量水、白糖、南乳、生抽用小火煮熟即成叉烧。
3. 叉烧切成小片，装盘，点缀法香、圣女果。

成品口味：香甜。

菠萝咕咾肉

成品口味：酸甜。

制作人：杨志敏

- **主　料：** 五花肉。
- **辅　料：** 菠萝块、洋葱片、青椒、红椒、鸡蛋、青柠、菠萝块、法香、洋葱条、圣女果。
- **调味料：** 盐、味精、料酒、油、淀粉、番茄酱、白醋、白糖。

制作过程

1. 五花肉去皮切小块，放入盐、味精、料酒、鸡蛋液腌渍。
2. 青椒、红椒切菱形片。
3. 菠萝块、洋葱片、青椒片、红椒片焯水。
4. 腌好的五花肉块裹上淀粉，下五成热油中炸熟捞出。
5. 锅底留油，放入番茄酱、白醋、白糖炒成糖醋汁，倒入炸好的五花肉块、菠萝块、洋葱片、青椒片、红椒片翻匀，装盘，用青柠、菠萝块、法香、洋葱条、圣女果点缀。

豉油皇凤爪

成品口味：咸鲜。

制作人：兰日欢

- **主　料**：鸡爪。
- **辅　料**：玫瑰花瓣、小石榴。
- **调味料**：油、冰糖、八角、香叶、桂皮、甘草、香菜段、葱段、姜片、生抽、料酒、鸡粉。

制作过程

1. 鸡爪去爪尖，焯水。
2. 锅中放入少许油，放入冰糖炒成糖色后加入适量水，放入八角、香叶、桂皮、甘草、香菜段、葱段、姜片、生抽、料酒和少许鸡粉烧沸制成汤卤。
3. 鸡爪放入汤卤中，用小火煮20分钟。
4. 待鸡爪上色入味后捞出，装盘，用玫瑰花瓣、小石榴装饰。

广西壮族自治区

桂林理工大学

开口笑

制作人：银妙森

成品口味：香甜。

🍴 **主　料：** 面粉。
✋ **辅　料：** 鸡蛋、泡打粉、
　　　　　　白芝麻、白糖、
　　　　　　油、玫瑰花。

🍳 **制作过程**

1. 鸡蛋液、白糖混合打散，放入少许油、泡打粉、面粉和成面团。
2. 盖上保鲜膜醒发20~30分钟。
3. 面团搓成长条，下成大小均匀的剂子，粘点水后裹上白芝麻。
4. 油烧到三至五成热，剂子下锅炸至金黄上浮，装盘，点缀玫瑰花。

香酥脆麻花

制作人：莫艳琼

主 料：面粉。
辅 料：鸡蛋、泡打粉、牛奶、玫瑰花、白糖、大豆油。

成品口味：香甜。

制作过程

1. 面粉过筛放入碗中，鸡蛋打散放入碗中，加入大豆油、泡打粉、牛奶、白糖，倒入水，边倒边搅拌，直到面团变得均匀不粘手。
2. 面团放在案板上，用手掌压成长条，对折，再揉搓几次，重复这个动作约10分钟，直到面团有弹性。
3. 面团盖上湿布或保鲜膜，醒发10～15分钟。
4. 面团揉成长条状，对折，再用手掌轻轻压扁，两端对接，捏紧形成环状，取一根面团环，用两只手的食指和拇指捏住，沿着中心轴旋转成麻花生坯，入油锅炸熟。
5. 装盘，点缀玫瑰花。

菠萝蜜炒爽肉

制作人：黄议贤

成品口味：咸甜。

主　料： 猪颈肉。

辅　料： 菠萝蜜果肉、青椒片、红椒片、黄瓜片。

调味料： 油、泰式甜辣酱。

制作过程

1. 猪颈肉切片。
2. 菠萝蜜果肉切片。
3. 油烧至五成热，放入猪颈肉片炸至外酥里嫩。
4. 锅留底油，放入猪颈肉片、菠萝蜜果肉片、青椒片、红椒片，加入泰式甜辣酱快速翻炒，淋尾油，装盘，点缀黄瓜片。

柠檬鸭

制作人：隆海遥

主　料： 土鸭。

辅　料： 酸藠头、酸泡辣椒、酸姜、盐腌柠檬、红椒段、黄瓜片、法香、洋兰。

调味料： 盐、鸡精、味精、油、姜片、蒜蓉、生抽、蚝油、铁鸟黄皮酱、海天辣黄豆酱、腐乳、白糖、米酒。

成品口味：酸辣咸鲜。

制作过程

1. 土鸭剁成块，加盐、鸡精、味精腌渍。
2. 锅内加油，放入姜片、蒜蓉爆香，放入土鸭块炒到鸭油溢出，放入酸藠头、酸泡辣椒、酸姜继续炒香。
3. 加入生抽、蚝油、铁鸟黄皮酱、海天辣黄豆酱、腐乳、白糖、米酒、红椒段加水焖50分钟左右。
4. 大火收汁后，放入去籽剁碎的盐腌柠檬，装盘，点缀黄瓜片、法香、洋兰。

椒盐海虾

制作人：潘武

- **主　料：** 海虾。
- **辅　料：** 美人椒圈、青椒圈、法香、玫瑰花。
- **调味料：** 油、吉士粉、香炸粉、淀粉、椒盐。

成品口味：咸鲜。

制作过程

1. 海虾开背去虾线，焯水后晾凉。
2. 吉士粉、香炸粉、淀粉混合均匀后，将海虾裹上粉。
3. 油烧至七成热，下海虾炸至金黄捞出。
4. 锅留底油，放入美人椒圈、青椒圈、海虾，撒入椒盐翻炒均匀，装盘，用法香、玫瑰花点缀。

锦绣虾球

成品口味：咸鲜。

制作人：覃桂文

- 主　料：虾仁。
- 辅　料：鲜腐皮、番茄、法香、黄瓜片。
- 调味料：盐、鸡精、白胡椒粉、淀粉、油、沙拉酱、芥末酱。

制作过程

1. 虾仁剁碎，放入盐、鸡精、白胡椒粉、淀粉腌渍后制成虾丸。
2. 鲜腐皮切丝，入四成热油中炸成金黄色，捞出沥油；放入虾丸炸至定型，捞出沥油。
3. 沙拉酱和芥末酱调匀成沙拉芥末酱。
4. 虾丸裹上沙拉芥末酱和鲜腐皮丝，装盘，用番茄、法香、黄瓜片点缀。

香酥荔蓉鸽

成品口味：咸鲜。

制作人：朱袭伟

主　料： 乳鸽、荔浦芋头。
辅　料： 澄面、法香、红椒碎。
调味料： 油、黄油、盐、五香粉。

制作过程

1. 乳鸽宰杀治净，蒸熟后去骨。
2. 荔浦芋头蒸熟，制成芋泥。
3. 芋泥加黄油、澄面、盐、五香粉揉和均匀后，抹在乳鸽表面。
4. 乳鸽入六成热油中炸至金黄，捞出沥油。
5. 乳鸽改刀成块，装盘，点缀红椒碎、法香即可。

雪花糍

制作人：莫文美

- 主 料：糯米粉、豆沙馅。
- 辅 料：澄面、椰丝蓉、白糖、油、苋菜叶。

制作过程

1. 糯米粉加澄面、白糖和适量开水搅拌均匀和成面团。
2. 面团搓条、下剂、擀皮，包入豆沙馅搓圆。
3. 糯米团上锅蒸15分钟。
4. 出锅后刷上少量油，裹上椰丝蓉，装盘，点缀苋菜叶。

广西医科大学

成品口味：香甜。

蛋酥烤包

制作人：韦花珍

> 成品口味：香甜．

主　料：低筋面粉、高筋面粉。

辅　料：红豆馅、奶酪、盐、黄油、白糖、酵母、油、牛奶、鸡蛋、苋菜叶。

制作过程

1. 将高筋面粉、白糖、酵母、牛奶、鸡蛋液、适量水放入和面机中搅拌，放入盐、黄油继续搅拌均匀成面团。
2. 将红豆馅和奶酪拌均匀，制成红豆奶酪馅。
3. 面团分成大小均匀的剂子，包入红豆奶酪馅成生坯，醒发。
4. 低筋面粉、白糖、鸡蛋液、油，搅拌均匀制成蛋酥皮面，装入裱花袋。
5. 在生坯表面用裱花袋挤出蛋酥皮，放入以上火190℃、下火180℃预热好的烤箱烤至表面金黄，装盘，点缀苋菜叶。

白切鸡

制作人：黄贵东

- **主　料**：土鸡。
- **辅　料**：黄瓜片、法香、香菜段。
- **调味料**：姜片、小葱段、料酒、沙姜末、香菜末、生抽、盐焗鸡粉、蚝油、花生油、盐。

制作过程

1. 土鸡宰杀治净。
2. 锅内加土鸡、水、姜片、小葱段、料酒烧沸后，微火保持水温（沸与不沸之间），将土鸡浸煮15分钟，捞出晾凉后切块。
3. 生抽、沙姜末、小葱段、香菜末、盐焗鸡粉、蚝油、花生油、盐调成蘸料。
4. 土鸡块装盘，点缀黄瓜片、法香、香菜段。

广西医科大学

成品口味：咸鲜。

贵州省

贵州师范大学

辣子鸡

制作人：吴文政

成品口味：麻辣。

主　料： 鸡。
辅　料： 土豆、小葱段。
调味料： 油、豆瓣酱、糍粑辣椒、花椒、盐、味精、姜片、蒜片。

制作过程

1. 鸡剁成大小均匀的块，土豆切块。
2. 油烧至六成热时放入鸡块和土豆块过油，捞出沥油。
3. 锅留底油，放入豆瓣酱、糍粑辣椒、花椒煸炒出香味。
4. 放入鸡块继续炒香，随后放入土豆块、水，加盐、味精、姜片、蒜片炒至鸡块熟透，装盘，点缀小葱段。

酸汤鱼

成品口味：酸辣

制作人：张宣毅

- 主　料：黑鱼。
- 辅　料：番茄块、小葱段、香菜段。
- 调味料：盐、味精、淀粉、葱段、姜片、油、红酸汤、木姜油、白醋、白胡椒粉。

制作过程

1. 黑鱼宰杀洗净后去骨，鱼肉片成片，加盐、味精、淀粉腌渍。
2. 锅中放油烧热，放入葱段、姜片煸炒，加入番茄块煸炒，再加入红酸汤烧沸。
3. 捞出锅内的葱段、姜片，放入盐、味精、木姜油、白醋、白胡椒粉调制成酸汤。
4. 放入黑鱼片煮熟，装盘，点缀小葱段、香菜段。

肉包

制作人： 杨孝兰

- **主　料：** 面粉、猪肉末。
- **辅　料：** 白糖、酵母。
- **调味料：** 盐、香油、蚝油、十三香、白胡椒粉、味精、葱花、姜末。

成品口味：咸鲜。

制作过程

1. 面粉加白糖、酵母、温水和成面团，醒发约半小时。
2. 猪肉末加盐、香油、蚝油、十三香、白胡椒粉、味精、葱花、姜末调成馅。
3. 醒好的面团下剂、擀皮，包馅制成生坯，醒发半小时。
4. 上蒸锅蒸20分钟即可。

鲜肉饼

制作人：何艳

成品口味：咸鲜。

主　料：面粉、猪肉馅。
辅　料：酵母、香菜段、葱花、玫瑰花、糖水樱桃。
调味料：盐、味精、鸡精、生抽、香油、油。

制作过程

1. 酵母、盐放入水中化开，倒入面粉中拌至无颗粒，在面盆底部加少许油，将面团反复叠起摁至光滑细腻有弹性，醒5~10分钟。手上抹油再上下左右叠摁一遍，使面团更加光滑软弹，醒10~20分钟。猪肉馅加葱花、盐、味精、鸡精、生抽、香油拌匀。

2. 电饼铛预热至160~200℃，淋油；案板抹油将面团扣在案板上，用刮板将面团切成两半，分别下剂、拍扁，使之中间厚边缘薄。

3. 把猪肉馅包入面皮中，拍扁，放入电饼铛，淋油盖盖，待煎至金黄，翻面煎至另一面也金黄熟透，装盘，点缀香菜段、玫瑰花、糖水樱桃。

贵州辣子鸡

制作人：靳应华

成品口味：香辣。

主　料： 鸡。
辅　料： 香菜段。
调味料： 蒜、盐、味精、料酒、姜片、油、糍粑辣椒、花椒、生抽、蚝油、白糖。

制作过程

1. 鸡剁成大小均匀的块，加入盐、味精、料酒、姜片腌渍。
2. 油烧至六成热时，放入鸡块和蒜过油后捞出。
3. 锅留底油，放入糍粑辣椒、花椒煸炒，放入鸡块，加蒜、生抽、蚝油、白糖调味，加水，用小火将鸡块烧熟，装盘，点缀香菜段。

松露多宝鱼

制作人：滕忠利

- **主　料**：多宝鱼。
- **辅　料**：鸡蛋、黑松露片、红椒片、青椒片、黄椒片、法香、玫瑰花。
- **调味料**：葱段、姜片、蒜片、盐、味精、料酒、淀粉、油、鸡粉、白胡椒粉、白糖。

制作过程

1. 多宝鱼取肉改刀成片。
2. 多宝鱼片用葱段、姜片、蒜片、盐、味精、料酒、蛋清、淀粉上浆入底味。
3. 油烧至四成热，下多宝鱼片滑散捞出；整鱼骨拍上淀粉，下锅炸至金黄，装盘。
4. 锅留底油，依次下葱段、姜片、蒜片爆香，烹入料酒，下鱼片、红椒片、青椒片、黄椒片和黑松露片，放入鸡粉、白胡椒粉、白糖调味。
5. 淋油，盛放在炸好的鱼骨旁，点缀法香、玫瑰花。

成品口味：咸鲜。

云南省

昆明理工大学

如意山珍卷

成品口味：咸鲜。

制作人：张以顺

主　料： 净鸡肉、猪肥肉、黑松露。

辅　料： 鸡蛋、海苔片、法香、香草叶、玫瑰花。

调味料： 盐、水淀粉、葱段、姜片、料酒、白胡椒粉、鸡枞油、味精、鸡粉。

制作过程

1. 鸡蛋打散，加盐、水淀粉调味，用平底锅制成蛋皮。
2. 净鸡肉加葱段、姜片、料酒、白胡椒粉、味精、鸡粉腌渍30分钟，与猪肥肉一同用搅拌机打成肉蓉。
3. 黑松露切小粒，与肉蓉拌匀，淋上鸡枞油。
4. 把蛋皮铺平，抹上肉蓉，盖上海苔片，从两头同时卷成如意卷生坯。
5. 入蒸箱蒸30分钟取出，切片，装盘，淋上用水淀粉勾的芡汁，点缀法香、香草叶、玫瑰花。

风味椒盐饼

制作人：林勇

- **主料**：面粉。
- **辅料**：熟芝麻粉、熟面粉、鸡蛋、小苏打、白糖、熟猪油、盐、糖粉、花椒油、白芝麻、黄瓜片、圣女果、香草叶。

成品口味：甜咸。

制作过程

1. 熟芝麻粉、白糖、熟面粉、熟猪油、盐、水搅拌匀成馅。
2. 面粉、糖粉、熟猪油、鸡蛋液、小苏打、盐、花椒油搅拌均匀作为面皮料。
3. 面皮料分成40克的剂子，包入30克馅，包捏成饼，粘白芝麻，放入上火180℃、下火170℃的烤箱中烤熟，装盘，点缀黄瓜片、圣女果、香草叶。

玫瑰山药糕

制作人：李竹聪

成品口味：香甜.

- **主 料：** 山药、糯米粉、澄粉、淀粉。
- **辅 料：** 可食用玫瑰花、熟猪油、白糖、圣女果、香菜段。

制作过程

1. 山药去皮蒸熟，可食用玫瑰花切碎。
2. 山药搅拌成泥，加入糯米粉、澄粉、淀粉、白糖、熟猪油、可食用玫瑰花碎揉成光滑的面团。
3. 下成每个35克的剂子，用模具做成糕坯。
4. 饼坯上蒸笼蒸8分钟，装盘，点缀圣女果、香菜段。

香蜜玫瑰

成品口味：清甜。

制作人：李金虎

- **主 料**：可食用玫瑰花瓣。
- **辅 料**：鸡蛋、淀粉、泡打粉、盐、白糖、鸡精、蜂蜜、油。

制作过程

1. 可食用玫瑰花瓣清洗干净。
2. 蛋清加少量淀粉、盐、白糖、鸡精、泡打粉，搅拌成糊。
3. 油烧至五成热，将可食用玫瑰花瓣（留少许切丝）挂糊，下油锅一片一片炸。
4. 待炸定型即可捞出，装盘，小碟中加入蜂蜜，再放上少许可食用玫瑰花瓣丝。

蒸糕

制作人：晋琳丽

成品口味：香甜.

主　料： 粳米、糯米。
辅　料： 熟黑芝麻、果脯、白糖。

制作过程

1. 将粳米和糯米泡透，沥干，磨成米粉。
2. 米粉加适量水、白糖搅拌至半干。
3. 铺入蒸笼中，将表面摊平，点缀果脯。
4. 入蒸笼蒸30分钟，装盘，点缀熟黑芝麻。

百花乳饼

制作人：葛永雄

成品口味：咸鲜。

主 料： 乳饼。

辅 料： 鱼肉、鸡胸肉、火腿末、黄瓜丝、胡萝卜片、鸡蛋、黄瓜片、玫瑰花。

调味料： 盐、味精、鸡精、白胡椒粉、水淀粉。

制作过程

1. 乳饼切成厚片。
2. 鱼肉、鸡胸肉搅打成蓉，放鸡蛋液、盐、味精、鸡精、白胡椒粉拌匀。
3. 肉蓉涂在乳饼片上，用火腿末、黄瓜丝、胡萝卜片点缀。
4. 做好的成品上汽蒸8分钟取出。
5. 水淀粉勾芡，淋在乳饼上，点缀黄瓜片、玫瑰花。

荷塘月色

成品口味：清甜咸鲜。

制作人：刘顺鑫

- **主　料：** 莲藕。
- **辅　料：** 红椒片、青椒片、黄椒片、白果（去心）、紫甘蓝片、百合。
- **调味料：** 油、葱段、姜片、蒜片、盐、味精、鸡精、白糖、香油、水淀粉。

制作过程

1. 莲藕切片。
2. 莲藕片、白果、紫甘蓝片、红椒片、青椒片、黄椒片和百合分别焯水。
3. 锅中放油烧热，下葱段、姜片、蒜片爆香，将莲藕片、白果、紫甘蓝片、红椒片、青椒片、黄椒片和百合下锅，放入盐、味精、鸡精、白糖调味，翻炒均匀。
4. 用水淀粉勾芡，淋入香油即可。

金线油塔

制作人：龚小娟

成品口味：酸辣。

主　料： 面粉。

辅　料： 熟猪油、熟白芝麻。

调味料： 香菜末、香菜段、红油、葱花、蒜蓉、盐、五香粉、花椒粉、生抽、陈醋、香油。

制作过程

1. 面粉倒入盆中，放少许盐，用凉水和面，和至软硬适中，醒30分钟。
2. 熟猪油、香菜末、葱花、盐、五香粉、花椒粉拌匀。
3. 醒好的面团擀开，抹上调好的熟猪油，上下折叠，切成细条，用保鲜膜封好，醒15~20分钟。
4. 面条拉长，依次把面条缠在手指上，做成塔状，放在蒸盘里，上锅蒸20分钟。
5. 红油、葱花、蒜蓉、陈醋、生抽、香油、香菜段、熟白芝麻调成酸辣汁，装入调味碟内。把蒸好的油塔用筷子轻轻抖散，装盘，配调味碟上桌即可。

陕西省　西安交通大学

萝卜丝饼

制作人：雷武斌

成品口味：咸鲜。

主　料： 面粉、白萝卜、牛肉末。
辅　料： 大葱段、油酥。
调味料： 油、盐、十三香、白糖、白胡椒粉、生抽。

制作过程

1. 白萝卜切丝。
2. 面粉用冷水和好，醒20分钟。
3. 大葱段入油锅炸成葱油，和白萝卜丝、牛肉末、盐、十三香、白糖、白胡椒粉、生抽调成馅。
4. 醒好的面团分剂、按扁擀开，抹上油酥，卷起后按扁，放牛肉馅包好。
5. 饼坯按扁，煎至表面金黄即可。

牛肉酥饼

成品口味：咸鲜。

制作人： 李凤荣

- **主 料：** 面粉、牛肉末。
- **调味料：** 白胡椒粉、十三香、盐、味精、生抽、料酒、老抽、白糖、葱花、油、姜末。

制作过程

1. 面粉加冷水和面，醒发20分钟，分剂。
2. 100克面粉加入5克盐、3克十三香，泼入150克热油搅拌均匀成油酥。
3. 牛肉末加白胡椒粉、十三香、盐、味精、生抽、料酒、老抽、白糖、葱花、姜末调成馅。
4. 面团剂子按扁擀开，抹上油酥，卷起后按扁，放牛肉馅包好。
5. 饼坯按扁，煎至表面金黄即可。

陕西油糕

制作人：赵西平

主　料： 面粉。
辅　料： 白糖、红糖、熟白芝麻、油、熟猪油。

成品口味：香甜。

制作过程

1. 锅中水烧沸后关火，加入熟猪油、少许白糖，倒入面粉烫熟和好，倒入刷油的盆中揉均匀。
2. 白糖、红糖、熟白芝麻加少许面粉和熟猪油拌匀成馅。
3. 面团下剂，包馅，包好后压扁成油糕生坯。
4. 入六成热油中炸至棕黄即可。

双色蒸饺

制作人：沈宝华

- **主 料**：面粉、南瓜泥（南瓜粉）。
- **辅 料**：猪肉末、葱花、姜末。
- **调味料**：盐、味精、鸡精、白胡椒粉、白糖、生抽、老抽、油、十三香、醋、香菜段。

制作过程

1. 盆中倒入一半面粉用开水烫面和好，另一半面粉用凉水和好，两种面一起和成光滑的白色面团。
2. 盆中倒入一半面粉用开水烫面和好，另一半面粉用南瓜泥和好，两种面一起和成光滑的黄色面团。
3. 猪肉末中加入盐、葱花、姜末、味精、鸡精、白糖、生抽、老抽、白胡椒粉、十三香、油，搅匀成肉馅。
4. 两种面团分别搓条、下剂，包成麦穗形生坯。
5. 入沸水锅蒸8~10分钟，搭配葱花、生抽、白糖、醋、香菜段拌匀的味碟。

成品口味：咸鲜。

蘑菇鸡翅

制作人：王兴卫

成品口味：咸鲜。

- 主　料：鸡翅中。
- 辅　料：鸡蛋、面包糠、红椒圈、番茄刻花、法香。
- 调味料：盐、味精、料酒、葱段、姜片、淀粉、椒盐、油。

制作过程

1. 鸡翅中洗净，从鸡翅中的一头将肉剔开至骨头的另一端，并保持骨肉相连，去掉较细的鸡翅骨后，将留下的那根鸡翅骨与肉翻成蘑菇形状。
2. 鸡翅中加盐、味精、料酒、葱段、姜片腌渍入底味。
3. 取适量的鸡蛋液、淀粉制成蛋糊。
4. 鸡翅中均匀裹上蛋糊，粘上面包糠。
5. 油烧至四成热时，放入鸡翅中炸至金黄捞出，带椒盐装盘，点缀红椒圈、番茄刻花、法香即可。

菊花鱼

成品口味：酸甜。

制作人：王强

- **主　料**：草鱼。
- **辅　料**：法香、番茄刻花。
- **调味料**：姜片、葱段、油、盐、味精、料酒、淀粉、白醋、白糖、番茄酱。

制作过程

1. 草鱼取肉，改菊花刀，加盐、味精、料酒、葱段、姜片腌渍。
2. 草鱼肉均匀拍上淀粉。
3. 油烧至五成热，放入草鱼肉炸至定型，捞出装盘。
4. 锅留底油，放入白醋、白糖、番茄酱熬制成糖醋汁，淋在草鱼肉上，点缀法香、番茄刻花。

九体养生菜

中医学对人体体质的认识和研究颇为久远,《黄帝内经》从体质的形成、分类等方面指出,人体在生长发育过程中展现出形态与机能的差异,这些"个体化差异"正是不同人群采用不同养生方法的出发点和依据。

九体养生是基于中医学的一种养生方法。《中医体质分类与判定》(ZYYXH/T 157—2009)明确了中医体质的9种基本类型,分别为平和质、气虚质、阳虚质、阴虚质、痰湿质、湿热质、血瘀质、气郁质、特禀质。

平和质为正常体质,其余8种为偏颇体质。不同类型的偏颇体质,经过全面适宜的方法调理,均能实现一定的"治未病"作用。

饮食调养是利用食物维护健康、辅助防治疾病的方法,是干预偏颇体质的重要手段,尤其对于偏颇体质相关疾病的防治具有一定作用。因个人饮食习惯及口味偏好与体质的形成密切相关,故食药并举,食养为先、辅以用药尤为重要,通过饮食调理偏颇体质,由此可达一定的预防疾病、养生保健的目的。

2024年"校园名厨"培训期间,我们邀请部分高校学员制作了九体养生菜肴,希望九体养生理念能够逐步深入日常餐饮服务之中,科学利用食物属性,合理配膳,有效调节人体平衡,通过饮食改善偏颇体质,为防控疾病提供新的路径,从而实现大健康层次的养生目标。

鱼香肉丝（平和质）

成品口味：酸甜辣。

制作人：贵州师范大学　靳应华

- 主　料：猪里脊肉。
- 辅　料：鸡蛋、糟辣椒。
- 调味料：香葱花、姜末、蒜蓉、盐、生抽、淀粉、老抽、白糖、醋、油。

制作过程

1. 猪里脊肉切细丝，糟辣椒剁碎。
2. 猪里脊肉丝加入适量盐、生抽、淀粉、蛋清腌渍上浆。
3. 生抽、老抽、白糖、醋、淀粉和少量水调成鱼香汁。
4. 锅中倒入适量油烧热，下腌好的猪里脊肉丝炒至变色后盛出。
5. 锅留底油，加入姜末、蒜蓉、糟辣椒碎炒香，放入猪里脊肉丝和鱼香汁快速翻炒均匀，装盘，撒香葱花。

九体养生菜

莴笋炒鸡片（平和质）

成品口味：咸鲜。

制作人：东华大学　鲍朋

- **主　料**：鸡脯肉。
- **辅　料**：莴笋、红椒、木耳（泡发）。
- **调味料**：葱段、姜片、盐、味精、油、水淀粉。

制作过程

1. 将鸡脯肉、莴笋、红椒切片。
2. 鸡脯肉片放盐、味精搅拌入味。
3. 鸡脯肉片下四成热的油锅滑熟捞出。
4. 锅留底油，下葱段、姜片煸香，加入少许水，放鸡脯肉片、莴笋片、木耳、红椒片、盐、味精翻炒，用水淀粉勾芡即可。

菠萝里脊肉（平和质）

成品口味：酸甜。

制作人：西安科技大学 王兴卫

主 料：菠萝、猪里脊肉。

辅 料：鸡蛋、黄瓜、番茄刻花、法香。

调味料：葱段、姜片、蒜片、盐、味精、油、淀粉、番茄酱、白醋、白糖。

制作过程

1. 菠萝切成两半，取果肉切丁，取一半菠萝壳刻成船形；黄瓜去瓤切丁；猪里脊肉改花刀切丁，用少量盐、味精腌渍入味。

2. 菠萝丁和黄瓜丁焯水，捞出沥干。

3. 腌好的猪里脊肉丁裹上用鸡蛋液和淀粉制成的全蛋糊，下五成热油中炸熟捞出。

4. 锅留少许底油，加入葱段、姜片、蒜片煸香，放入番茄酱、白醋、白糖炒匀，倒入菠萝丁、猪里脊肉丁、黄瓜丁翻匀，装盘，点缀番茄刻花、法香。

大盘鸡（气虚质）

制作人：北京大学　肖向东

主　料：三黄鸡。

辅　料：土豆、螺丝椒、小红椒、三色堇、法香。

调味料：油、白糖、花椒、干线椒、白芷、山柰、八角、香叶、大葱、姜片、蒜片、料酒、盐、老抽。

制作过程

1. 三黄鸡剁块，洗净控水；土豆、大葱切滚刀块；螺丝椒、小红椒切斜片。
2. 锅内倒入少量油和白糖炒出糖色，然后下花椒、干线椒、白芷、山柰、八角、香叶、大葱块、姜片、蒜片煸香，下三黄鸡块煸炒至肉质紧实。
3. 锅内倒入少量料酒，加开水与三黄鸡块齐平，加盐和老抽调色调味，放入土豆块煨20分钟。
4. 待汤汁黏稠后下螺丝椒片、小红椒片翻炒，装盘，点缀三色堇和法香。

成品口味：咸鲜。

西葫芦炒鸡蛋（气虚质）

成品口味：咸鲜。

制作人：中国农业大学 张玉龙

- **主　料**：西葫芦、鸡蛋。
- **辅　料**：木耳（泡发）、红椒。
- **调味料**：油、盐、味精、葱花、姜片。

制作过程

1. 西葫芦洗净切成斜刀片；红椒切菱形片。
2. 西葫芦片、红椒片、木耳焯一下水，捞出沥干。
3. 锅内加油烧热，倒入鸡蛋液炒熟盛出。
4. 锅内加油烧热，加入葱花、姜片爆香，加入西葫芦片、鸡蛋、木耳、红椒片，放入适量盐、味精调味，翻炒均匀即可。

肉片杏鲍菇（气虚质）

成品口味：咸鲜。

制作人：宿迁学院　吴建坤

- **主　料：** 猪里脊肉。
- **辅　料：** 杏鲍菇、青椒、红椒、鸡蛋。
- **调味料：** 盐、味精、淀粉、水淀粉、料酒、油、香油、葱段、姜片。

制作过程

1. 杏鲍菇、青椒、红椒切片，焯水备用。
2. 猪里脊肉切片，加入盐、味精、淀粉、料酒、蛋清上浆。
3. 猪里脊肉片入四成热的油中滑油，捞出沥油。
4. 锅内加油，放葱段、姜片煸香，加入滑好的猪里脊肉片、杏鲍菇片、青椒片、红椒片，加入盐、味精、香油翻炒。
5. 用水淀粉勾芡后大火翻炒即可。

红烧排骨（阳虚质）

制作人：广东技术师范大学　李山

- **主　料**：排骨。
- **辅　料**：洋兰、法香。
- **调味料**：葱段、姜片、料酒、油、冰糖、盐。

制作过程

1. 排骨切成适当大小的段，浸泡去除血水。
2. 排骨段放入锅中，加入冷水和少许姜片、料酒焯水，捞出用温水洗净，控干。
3. 锅加油烧热，放入冰糖炒熔，加入水调出糖色。
4. 另起锅倒入适量油，放入葱段、姜片、排骨段、料酒炒香，加入适量水和糖色大火烧沸，转小火烧至排骨软烂入味。
5. 炖煮至汤汁浓稠时，加入适量盐调味，大火收汁，使排骨表面裹上一层浓稠的酱汁以更加入味，装盘，点缀洋兰、法香。

成品口味：咸鲜甜。

九体养生菜

香芹炒香干（阳虚质）

制作人：暨南大学　朱刚

成品口味：咸鲜。

- **主　料**：香芹、香干。
- **辅　料**：红椒。
- **调味料**：油、姜末、蒜蓉、盐、味精、白糖、水淀粉。

制作过程

1. 香芹切段；香干切条；红椒切条。
2. 油烧热倒入姜末、蒜蓉炒出香味。
3. 加入香芹段、香干条、红椒条翻炒，加盐、味精和少许白糖炒至断生。
4. 加入少量水淀粉勾芡，淋入少许油后大火翻炒均匀即可。

番茄炖牛腩（阳虚质）

成品口味：咸鲜酸甜。

制作人：中国人民大学 周辉

- **主 料**：牛腩。
- **辅 料**：番茄。
- **调味料**：姜片、蒜片、油、八角、桂皮、生抽、料酒、盐、白糖。

制作过程

1. 牛腩切小块，加水泡去血水，洗净沥干；番茄切块。
2. 锅中加油，加入姜片、蒜片、八角、桂皮炒香，加入牛腩块，继续翻炒至变色，加入少量番茄块，翻炒至出汁。
3. 加入适量开水、生抽、料酒、盐大火烧沸，转小火炖1小时。
4. 出锅前加入剩余的番茄块、少量白糖，炖约10分钟即可。

木耳炒山药（阴虚质）

制作人：中国矿业大学（北京） 王设

成品口味：咸鲜。

主　料： 山药。
辅　料： 木耳、胡萝卜。
调味料： 葱花、油、盐、鸡粉、白糖、水淀粉。

制作过程

1. 山药、胡萝卜切菱形片，木耳泡发。
2. 山药、胡萝卜、木耳焯水并过凉。
3. 锅中放油烧热，放入葱花爆香，放入山药片、木耳、胡萝卜片、盐、鸡粉、白糖，翻炒均匀，用水淀粉勾芡，装盘，撒葱花。

莲藕煲鸭肉（阴虚质）

成品口味：咸鲜。

制作人：中国人民大学　袁宏敏

- 主　料：鸭肉。
- 辅　料：莲藕、红枣、胡萝卜。
- 调味料：油、蒜蓉、姜片、料酒、盐、味精。

制作过程

1. 鸭肉切块，莲藕切块，胡萝卜切菱形片。
2. 锅加油烧热，放入蒜蓉和姜片煸香。
3. 下鸭肉块翻炒至断生，下莲藕块、红枣、胡萝卜片继续翻炒。
4. 锅中加入水、料酒、盐、味精，加盖炖1小时即可。

鲜蘑熘肉片（阴虚质）

制作人： 中国人民大学　陶广成

成品口味：咸鲜。

- **主　料：** 猪里脊肉、鲜口蘑。
- **辅　料：** 鸡蛋、青椒、红椒、高汤。
- **调味料：** 盐、淀粉、水淀粉、葱段、姜片、料酒、味精、白糖、白胡椒粉、生抽、油。

制作过程

1. 猪里脊肉、鲜口蘑切片，青椒、红椒切菱形片。
2. 猪里脊肉片加盐、少量水、蛋清、淀粉上浆。
3. 猪里脊肉片入四成热油中滑熟，捞出沥油；鲜口蘑片、青椒片、红椒片焯水。
4. 锅留底油，下葱段、姜片煸香，烹入料酒、盐、味精、白糖、白胡椒粉、生抽和适量高汤，下猪里脊肉片、鲜口蘑片、青椒片、红椒片翻炒均匀，用水淀粉勾芡即可。

排骨萝卜汤（痰湿质）

制作人：东北大学　陈志亮

- 主　料：排骨。
- 辅　料：白萝卜、葱花、香菜段、枸杞子。
- 调味料：葱段、姜片、八角、盐、味精、白胡椒粉。

制作过程

1. 排骨切段，焯水后冲净；白萝卜切厚片。
2. 锅中放入排骨段、葱段、姜片、八角和适量水，大火烧沸后转小火炖40分钟。
3. 加入白萝卜片，再炖10分钟。
4. 放入少许盐、味精、白胡椒粉调味，撒上枸杞子、葱花、香菜段即可。

成品口味：咸鲜。

红烧带鱼（痰湿质）

制作人： 上海师范大学　许小牛

- **主　料：** 带鱼。
- **辅　料：** 葱花。
- **调味料：** 盐、料酒、葱段、油、姜片、味精、白糖、生抽、老抽。

制作过程

1. 带鱼切段，用盐和料酒腌渍。
2. 腌好的带鱼段入五成热油中炸至表面金黄。
3. 另起锅加油烧热，放入葱段、姜片炒香，加入适量水、味精、白糖、生抽、老抽调味调色，倒入炸好的带鱼，中火烧至入味，大火收汁，装盘，撒葱花即可。

成品口味：咸鲜。

双椒炒鸡丝（痰湿质）

成品口味：咸鲜。

制作人：中国人民大学　刘勋

- **主　料**：鸡胸肉。
- **辅　料**：青椒、红椒。
- **调味料**：油、盐、味精、姜丝、水淀粉。

制作过程

1. 将鸡胸肉、青椒、红椒切丝。
2. 鸡胸肉丝倒入开水锅中滑散，变白后捞出沥干。
3. 锅加油烧热，放入姜丝炝出香味。
4. 将鸡胸肉丝、青椒丝、红椒丝一起倒入锅中，加盐、味精大火翻炒。
5. 最后倒入水淀粉勾芡，收汁后盛出。

锅包肉（湿热质）

成品口味：酸甜。

制作人：北方工业大学　赵奇磊

- **主　料：** 猪里脊肉。
- **辅　料：** 胡萝卜、红椒、鸡蛋、香菜叶、大葱丝。
- **调味料：** 盐、生抽、淀粉、料酒、油、白糖、醋、大葱末、姜末。

制作过程

1. 猪里脊肉切薄片，用盐、生抽、料酒腌渍。
2. 胡萝卜、红椒切细丝；白糖、醋、盐、生抽调成料汁。
3. 腌好的猪里脊肉片挂上淀粉和鸡蛋液调制的糊，下七成热油中炸至金黄酥脆，捞出沥油。
4. 锅留底油，下大葱末、姜末炒香，再加入胡萝卜丝、红椒丝和炸好的猪里脊肉片，加入调好的料汁，快速翻炒均匀，装盘，点缀香菜叶和大葱丝。

板栗焖鸡（湿热质）

成品口味：咸鲜香甜。

制作人：华南理工大学　于涛

- **主　料：** 三黄鸡。
- **辅　料：** 板栗肉、红枣、洋葱、青椒、红椒。
- **调味料：** 姜片、蒜片、盐、味精、白糖、白胡椒粉、生抽、蚝油、油。

制作过程

1. 三黄鸡斩块，洗净控水，加盐、味精腌渍；板栗肉切滚刀块；青椒、红椒、洋葱切片。
2. 锅下油烧至五成热，放入腌好的三黄鸡块和板栗肉块过油，捞出。
3. 锅留底油，将洋葱片、姜片、蒜片煸出香味，再放入三黄鸡块和板栗肉块翻炒一下，加开水与三黄鸡块齐平，加红枣、盐、味精、白糖、白胡椒粉、生抽、蚝油调好味，煨20分钟。
4. 汤汁黏稠后放入青椒片、红椒片翻炒一下即可。

苦瓜肉片（湿热质）

制作人：中国人民大学　王念堂

主　料：猪里脊肉、苦瓜。
辅　料：红椒、鸡蛋。
调味料：水淀粉、淀粉、油、葱段、姜片、盐、白糖、味精。

制作过程

1. 猪里脊肉切片；苦瓜去瓤切斜刀片；红椒切菱形片。
2. 猪里脊肉片泡去血水，加鸡蛋液、淀粉上浆。
3. 猪里脊肉片入五成热油中滑油，捞出沥油；苦瓜片和红椒片焯水过凉。
4. 锅中加油烧热，下葱段、姜片煸香，放入猪里脊肉片、苦瓜片、红椒片，加盐、白糖、味精翻炒均匀，用水淀粉勾薄芡，淋油即可。

成品口味：咸鲜。

话梅排骨（血瘀质）

成品口味：酸甜咸香。

制作人：广西医科大学　覃桂文

- **主　料**：猪肋排。
- **辅　料**：话梅、洋兰、法香。
- **调味料**：葱段、姜片、蒜片、油、冰糖、八角、桂皮、料酒、生抽、老抽、盐。

制作过程

1. 猪肋排切成小段，焯水，捞出沥干；话梅用温水浸泡。
2. 锅中放少量油，加入冰糖，小火慢慢炒出糖色，将猪肋排段倒入快速翻炒，均匀裹上糖色。
3. 加入姜片、葱段、蒜片、八角、桂皮，继续翻炒出香味，然后加入料酒、生抽、老抽、盐调色调味。
4. 加入适量水和泡好的话梅大火烧沸，转小火慢炖至排骨软烂。
5. 大火收汁，装盘，点缀洋兰和法香。

滑蛋虾仁（血瘀质）

成品口味：咸鲜。

制作人：清华大学 刘朔

- **主　料**：虾仁。
- **辅　料**：鸡蛋、三色堇。
- **调味料**：盐、白胡椒粉、料酒、水淀粉、油、葱花。

制作过程

1. 虾仁洗净，加料酒、白胡椒粉、盐腌渍后焯水。
2. 鸡蛋液加水淀粉搅拌均匀，放入焯熟的虾仁。
3. 油烧热，倒入做法2的食材炒熟，装盘，撒葱花，点缀三色堇。

养生乌鸡汤（血瘀质）

成品口味：咸鲜。

制作人：上海大学　杨帅

- **主　料**：乌鸡。
- **辅　料**：干菌菇、红枣、枸杞子。
- **调味料**：油、葱段、姜片、盐、味精、白胡椒粉、葱花。

制作过程

1. 乌鸡切块，焯水后洗净；干菌菇用温水泡发后洗净。
2. 锅中放油烧热，放入葱段、姜片炒香，加入水、乌鸡块、菌菇、红枣，大火烧沸后转小火慢炖1小时。
3. 放入少许盐、味精、白胡椒粉调味，放入枸杞子和葱花即可。

水煮鸡片（气郁质）

制作人：北京林业大学 陈永潘

成品口味：麻辣

- **主　料**：鸡胸肉。
- **辅　料**：黄豆芽。
- **调味料**：盐、味精、料酒、白胡椒粉、淀粉、油、辣酱、葱段、姜片、蒜蓉、白糖、干辣椒段、花椒、辣椒面、葱花、熟白芝麻。

制作过程

1. 鸡胸肉切片，加盐、味精、料酒、白胡椒粉、淀粉上浆抓匀。
2. 锅内倒入少许油烧热，下黄豆芽煸干水分，盛出垫碗底。
3. 锅加油烧热，下辣酱煸出香味，下葱段、姜片、蒜蓉炒香，加适量水、盐、味精、白糖调味，水开下鸡胸肉片余熟，捞出放到碗中的黄豆芽上，浇上汤，上面放干辣椒段、花椒、辣椒面、蒜蓉、熟白芝麻，浇热油，撒上葱花即可。

白灼菜心（气郁质）

成品口味：咸鲜。

制作人：昆明理工大学 滕忠利

- **主 料**：菜心。
- **辅 料**：葱丝、姜丝、红椒丝。
- **调味料**：盐、味精、油、蒸鱼豉油。

制作过程

1. 菜心从根部改刀成小棵。
2. 水中加盐、味精、油烧沸，下菜心烫至断生，捞起装盘，上面放葱丝、姜丝、红椒丝，淋上蒸鱼豉油。
3. 锅中加油烧至九成热，浇在葱丝、姜丝、红椒丝上即可。

葱爆羊肉（气郁质）

制作人：中国人民大学　李涛

- **主　料**：羊腿肉。
- **辅　料**：大葱。
- **调味料**：盐、白胡椒粉、淀粉、油、姜片、生抽、料酒。

制作过程

1. 羊腿肉切薄片，加盐、白胡椒粉、淀粉腌渍。
2. 大葱斜切成片。
3. 锅中加油烧热，下大葱片煸香后立即盛出。
4. 另起锅加油烧热，下姜片炝锅，下羊腿肉片大火快炒至肉片变色，倒入大葱片、盐、生抽、料酒翻炒均匀即可。

成品口味：咸鲜。

淮山玉米排骨汤（特禀质）

成品口味：咸鲜。

制作人：电子科技大学中山学院　赵伟嘉

主　料：排骨。
辅　料：玉米、胡萝卜、去皮淮山药、马蹄。
调味料：盐、姜片。

制作过程

1. 排骨剁块；胡萝卜、马蹄切块；玉米、淮山药切段。
2. 排骨块焯水，捞出冲净。
3. 锅内加入水，放入排骨块、玉米段、胡萝卜块、淮山药段、马蹄块、姜片，大火煮开，转小火炖1小时，出锅前加入少许盐即可。

萝卜炖牛腩（特禀质）

成品口味：咸鲜略甜。

制作人：广东工业大学　兰日欢

- **主　料：** 牛腩。
- **辅　料：** 白萝卜、青椒片、红椒片、胡萝卜片、油菜心。
- **调味料：** 油、白糖、八角、香叶、桂皮、葱段、姜片、蒜片、料酒、柱侯酱、南乳汁、生抽、花生酱。

制作过程

1. 牛腩切块，焯水后洗净；白萝卜切滚刀块；油菜心、红椒片焯水。
2. 锅加油烧热，放入白糖炒出糖色，下八角、香叶、桂皮、葱段、姜片、蒜片炒香后，下牛腩块煸炒使肉质变紧实，加入料酒、柱侯酱、南乳汁、生抽、花生酱调色调味，加入适量水炖30分钟。
3. 待汤汁稍黏稠后，下白萝卜块、青椒片、红椒片、胡萝卜片用小火炖至合适口感，装盘，用焯好水的油菜心、红椒片装饰。

板栗红烧肉（特禀质）

成品口味：咸鲜微甜。

制作人：中国科学院大学 土治厂

- **主　料：** 五花肉。
- **辅　料：** 板栗肉、油菜心。
- **调味料：** 葱段、姜片、八角、干辣椒段、料酒、油、冰糖、生抽、蚝油、老抽。

制作过程

1. 五花肉切块。
2. 五花肉块加葱段、姜片、干辣椒段、料酒焯水去腥。油菜心焯水。
3. 油烧热，放入冰糖熬出糖色，放入五花肉块、八角煸炒。
4. 待五花肉块煸炒均匀，加入适量开水、生抽、蚝油、老抽大火烧沸，加入板栗肉，转小火慢炖40分钟。
5. 大火收汁，装盘，用焯过水的油菜心装饰即可。

后记

中国人民大学在举办"客厨RUC"活动时，一位同学排在最前面，第一时间买到了由大厨亲自盛给她的"客厨"菜品，她不由地露出了充满期待的微笑。每次看到同学们这样的微笑，我们都会为自己的工作而骄傲。

这样的微笑是对餐饮工作人员的最高礼遇，是我们持续做好餐饮工作的动力。我们常说：大学食堂做的不是普通的一日三餐，而是一碗"青春饭"，希望通过这碗"青春饭"，让同学们感受到中华美食文化的博大精深，感受到餐饮工作者精益求精的工匠精神，感受到学校对大家的关心与关爱，让同学们在最美好的岁月，留下最精彩的青春记忆。

早在2020年伙专会就计划举办校园名厨培训，在2023年终于得以实施，在扬州大学旅游烹饪学院顺利举办了首届"校园名厨"培训班。2024年的培训地点除了扬州大学旅游烹饪学院外，还增设了山西盛世餐饮旅游技工学校培训点，极大地满足了广大学员的学习需求。

"校园名厨"培训班的顺利举办离不开各方的支持。在此，我们再次对参与本次培训与图书出版的全体老师和学员表示衷心的感谢，是你们的辛勤工作和刻苦学习，才让我们的活动取得了圆满成功。

对于高校餐饮系统广大从业人员，我们想说：每一次学习都是一个新的起点，只有持之以恒地学习才能不断提升自我，成为大学食堂经典味道的缔造者。我们的工作也得到了广大师生的支持，每当举办校园美食活动或推出深受师生喜爱的美食时，大家总是不吝赞美之词，对我们抱以真诚的微笑，这些都成为我们努力工作的动力。在此我们要对老师和同学们致以衷心的感谢，正是你们的肯定，才使大学食堂的经典味道得以传承。

最后，祝愿大家能够在未来的烹饪之旅中获得更多的会心微笑。

中国教育后勤协会伙食管理专业委员会秘书长

宋大我